# 电力系统调度自动化和能量管理系统

DIANLI XITONG DIAODU
ZIDONGHUA HE NENGLIANG
GUANLI XITONG (DI'ER BAN)

## （第二版）

滕福生　滕欢　周步祥　陈实　主编

四川大学出版社

SICHUAN UNIVERSITY PRESS

项目策划：陈　纯
责任编辑：梁　平
责任校对：傅　奕
封面设计：璞信文化
责任印制：王　炜

图书在版编目（CIP）数据

电力系统调度自动化和能量管理系统 / 滕福生等主
编 . — 2 版 . — 成都：四川大学出版社，2021.6
　ISBN 978-7-5690-4765-3

　Ⅰ . ①电… Ⅱ . ①滕… Ⅲ . ①电力系统调度－调度自
动化系统②能量管理系统 Ⅳ . ① TM734

　中国版本图书馆 CIP 数据核字（2021）第 112412 号

书名　电力系统调度自动化和能量管理系统（第二版）

| | |
|---|---|
| 主　　编 | 滕福生　滕　欢　周步祥　陈　实 |
| 出　　版 | 四川大学出版社 |
| 地　　址 | 成都市一环路南一段 24 号（610065） |
| 发　　行 | 四川大学出版社 |
| 书　　号 | ISBN 978-7-5690-4765-3 |
| 印前制作 | 四川胜翔数码印务设计有限公司 |
| 印　　刷 | 郫县犀浦印刷厂 |
| 成品尺寸 | 185mm×260mm |
| 印　　张 | 12.5 |
| 字　　数 | 298 千字 |
| 版　　次 | 2021 年 9 月第 2 版 |
| 印　　次 | 2021 年 9 月第 1 次印刷 |
| 定　　价 | 39.00 元 |

◆ 读者邮购本书，请与本社发行科联系。
　电话：(028)85408408/(028)85401670/
　(028)86408023　邮政编码：610065
◆ 本社图书如有印装质量问题，请寄回出版社调换。
◆ 网址：http://press.scu.edu.cn

四川大学出版社
微信公众号

# 内容提要

本书讲述了电力系统调度自动化和能量管理系统的基本概念、理论和实现技术，对近年来国际和国内在这一领域的发展和应用情况也做了介绍。书中根据电力系统发展的特点和对运行调度的要求，研究了有关实时分析和计算的理论及实际应用，为编制高层应用软件打下了基础。

本书可作为大学本科学生和研究生的教学用书，以及工程技术人员的参考用书。

# 前　　言

电力系统调度自动化和能量管理系统（EMS）在国外和国内已经有了很大的发展，得到了普遍应用。国家级电网、省级电网、地区级电网以及县级电网的调度，都采用并实用化了以计算机技术、通信技术及控制技术等为基础的调度自动化系统，其功能持续扩展，逐步形成了完善的能量管理系统。

使用调度自动化系统作为各级调度控制中心辅助调度的现代化技术手段，可以有效地提高电力系统的安全和经济运行水平，合理利用能源，保证发电和供电的电能质量；同时，也减轻了调度和运行人员的工作强度；特别是推行电力市场化以后，更可以获得明显的社会效益和经济效益。

电力系统调度自动化的应用，关键在于实用，即它的功能除了应能保证电力系统运行状态信息的采集、传递和安全监控外，还应能充分使用这些信息和数据，并加以实时计算、分析和处理，以便为调度人员提供更多的调度数据和决策依据。因此，电力系统调度自动化涉及电力系统、计算机、通信和控制等多个领域的理论和技术，并需要综合应用这些理论和技术。

本书的内容包括系统的硬件结构、软件结构，电网的监测控制、实时分析与应用等部分。尽管这些领域的理论和技术发展很快，但有关的基本理论和技术却是支撑和促进本学科领域发展的基础，也即是本书的主要内容。

# 目　　录

# 第一章 总 述

## 第一节 电力系统及其控制和调度

电力系统是由发电、输电、变电、配电和用电设备组成的一个整体。这样一些由大功率设备组成的用作发、输、变、配、用电的系统，称为一次系统，所以一次系统 $S_p$ 可以写成

$$S_p = \left\{ G, T_B, T_L, L \,\middle|\, \sum P = 0 \right\} \tag{1-1}$$

式中：$G$ 为发电厂的集合，并有

$$G = \{ G_i \,|\, i \in (1, 2, \cdots, n_G) = [n_G] \} \tag{1-1a}$$

式中：$n_G$ 为发电厂总数。

$T_B$ 为变压器的集合，有

$$T_B = \{ T_{Bj} \,|\, j \in (1, 2, \cdots, n_{T_B}) = [n_{T_B}] \} \tag{1-1b}$$

式中：$n_{T_B}$ 为变压器的总数。

同样，输电线路的集合为

$$T_L = \{ T_{Lk} \,|\, k \in (1, 2, \cdots, n_{T_L}) = [n_{T_L}] \} \tag{1-1c}$$

式中：$n_{T_L}$ 为线路总数。

用电设备或负荷的集合为

$$L = \{ L_l \,|\, l \in (1, 2, \cdots, n_L) = [n_L] \} \tag{1-1d}$$

式中：$n_L$ 为负荷总数。

这些元件组成一个整体，并需满足功率平衡的条件，即 $\sum P = 0$。

式（1-1）是从系统运行和信息管理的角度进行分类，以便采用面向对象技术用计算机建立实时数据库。

控制系统由对一次系统进行控制的元、部件组成。这些元、部件称为控制用元、部件，包括开关、继电器、励磁调节器、调速器以及其他控制设施。开关由继电器或人工操作，它的投入或断开表示所联一次元件是否投入运行。励磁调节器用来调整发电机和补偿机的励磁电流，以保证一次系统供电的电压质量和提高运行的稳定性。调速器用来调整发电机组原动机的速度，保证系统的频率和有功功率平衡。这种控制系统属于信息就地处理自动化系统，具有反应速度快、信息局限性和事后处理的特点。

能量管理用的调度自动化系统用来及时收集一次系统各元件的运行状态，使调度人员能掌握实时的运行参数。当系统出现特殊情况或异常情况时，要求根据当时的实际情

况提出决策和措施，并指挥控制系统及时动作进行控制，以保证一次系统安全可靠地运行。当系统没有出现特殊或异常情况时，合理分配各发电厂出力和线路潮流，保证系统有更好的电能质量和经济性，并满足环保要求。调度自动化系统属于信息集中处理自动化系统，要求其具有可靠性、实时性和准确性。

值得注意的是，电力系统是一个地区分布很广阔的系统，电力的发电、输电、变电、配电和用电的过程，要求在一广阔地区的各元件间紧密、安全、可靠地协调运行。因此，调度自动化系统必须要使用远距离的通信手段，在调度控制中心集中必要的有关系统的运行状态信息，进行处理和管理。此外，电力系统是一能量变换系统，它是用发电设备将其他的能源，如水能、燃料的化学能、光能、风能等变换成电能，然后再用输配电设备将电能输送和分配给用户。在这一过程中，必然有发电的成本、输配电的损耗以及有关设备投资和折旧等经济问题。电力系统调度管理的任务，就是要保证运行的可靠性和经济性。这些运行控制问题，都要用控制信息指挥控制系统对一次系统进行最适当的操作和控制来达到。

电力系统的结构如图1-1所示。图中包括一次系统，即原动机、发电机、输配电设备和负荷。负荷分为两类：一类是纯电力设备，如照明、电炉等；另一类为电动机再带动其他机具。控制系统包含调速器、调压器及保护和开关设备。调度自动化系统则由信息的收集、变换和通信设备以及计算机系统组成，收集、传送遥测、遥信等远动信息，通过接口送入计算机，建立数据库，并由应用程序对数据进行加工和处理，得出的结果供调度运行人员使用，必要时又送回一次系统作遥控、遥调等控制信息使用。

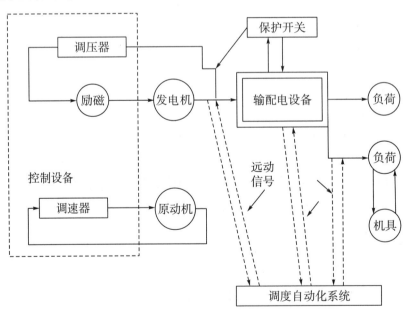

图1-1　电力系统的结构

在中国统一坚强智能电网战略框架中，包括六个环节，即发电、输电、变电、配电、用电和调度；有五个基本内涵，即坚强可靠、经济高效、清洁环保、透明开放和友好互动；需建设四个体系，即电网基础体系、技术支撑体系、智能应用体系和标准规范体系;分为三个阶段,即规划试点阶段、全面建设阶段和引领提升阶段;体现在两条主线上,即技术上体现信息化、自动化、互动化,管理上体现集团化、集约化、精益化、标准化;最终实现一个目标,即构建以特高压为骨干网架、各级电网协调发展的统一坚强智能电网。

随着我国跨省、跨区超大规模电网的形成,各区域电网相互依赖、相互耦合的程度越来越高,电网的运行特性越来越复杂,自然灾害对电网稳定运行带来了更大冲击,经济、节能、减排目标对电网精益化调度管理提出了更高要求。为此,智能电网调度自动化系统或称为智能电网调度技术支持系统的建设得到了极大重视,成为中国坚强智能电网建设的关键内容。

# 第二节 电力系统的运行状态

电力系统应该持续不间断地完成发电、输电、变电、配电和用电的生产过程。在这一过程中,必须保证满足两种条件方程,也称为两种约束方程或约束条件。

一是等式约束条件,即应保证发电和用电的平衡。设系统中有 $n$ 个发电厂,第 $i$ 个发电厂发出的有功功率为 $P_{Gi}$,无功功率为 $Q_{Gi}$;有 $m$ 个负荷,第 $j$ 个负荷取用的有功功率为 $P_{Lj}$,无功功率为 $Q_{Lj}$;输变配电设备都有功率损耗,有功损耗为 $P_R$,无功损耗为 $Q_R$。需要说明的是输电线路有分布电容,会产生一定的无功功率,这里的 $Q_{Lj}$ 为考虑电容产生的无功功率后的净无功负荷。另外,为了产生无功功率,也使用同步补偿机和静电电容器组,都当作无功电源来处理,于是得到发电和供电的等式约束方程,即

$$\begin{cases} \sum_{i=1}^{n} P_{Gi} = \sum_{j=1}^{m} P_{Lj} + P_R \\ \sum_{i=1}^{n} Q_{Gi} = \sum_{j=1}^{m} Q_{Lj} + Q_R \end{cases} \qquad (1-2)$$

二是不等式约束条件,即为了保证一次系统安全可靠地运行,系统中各母线的电压值和各支路的电流值应保证在一定范围内,即

$$\begin{cases} V_{K\max} > V_K > V_{K\min}, \forall K = 1,2,\cdots,t_n \\ I_{L\max} > I_L > I_{L\min}, \forall L = 1,2,\cdots,l_m \end{cases} \qquad (1-3)$$

式中:$t_n$ 为节点总数;

$l_m$ 为支路总数。

有时,不等式约束条件中的电流也可以用功率来表示。

等式约束条件遇到破坏,一般都是由于发电功率不等或小于用电功率,因而系统发供电不能平衡。这显然不是正常的情况,必须及时启动或断开发电设备或切除部分次要的负荷,以使发电和用电平衡。不等式约束条件遇到破坏,则可能出现过电压或欠电压或是出现过电流。这些情况都会使有关设备受到损害,严重时甚至会受到破坏。

图 1-2 表示电力系统可能的运行状态图。系统应在绝大多数时间处于正常运行状态。此时,等式约束条件和不等式约束条件都应当满足,而且还要求有一定的发电旋转

备用容量，不等式约束条件应当有一定的裕度。因此，在这种情况下，系统才具有足够的可靠性和安全度。

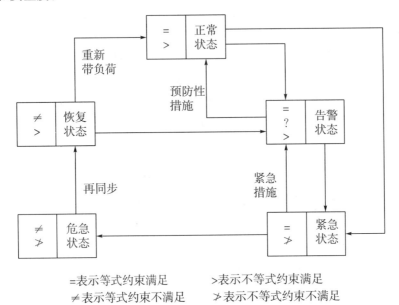

=表示等式约束满足　　　　>表示不等式约束满足
≠表示等式约束不满足　　　≯表示不等式约束不满足

**图 1－2　电力系统的运行状态**

由于负荷的迅速增长，或是发电机组出现故障，使发电容量降低到一个极限值，或某些事故使不等式约束条件接近边界，于是系统进入告警状态。在这种情况下，等式约束条件和不等式约束条件虽然得到满足，但是可靠性和安全程度都大为降低，所以此时必须采取预防措施，对系统进行控制。如果控制作用见效，系统可以恢复到正常运行状态；如果控制作用失效或发生更大的故障，系统就进入紧急状态。

紧急状态也可能直接由正常状态在发生严重故障后达到，不一定要经过告警状态。此时，不等式约束条件不能满足，即有些母线电压过低，有的元件出现过电流或过负荷，但系统中的发电机仍然同步继续供电，并可能出现发供电不平衡的趋势。因而，必须采取紧急措施进行控制，才能使系统恢复到告警状态，再恢复到正常状态。

采取紧急措施对系统进行控制如果失败，则系统进入危急状态，整个系统此时有可能解列成几部分。有些部分的内部如果发电和用电能够平衡，则可以继续运行。有的部分要是发电和用电不能平衡，则很难持续运行。在一般情况下，解列的各部分，等式约束条件和不等式约束条件大都不能满足。由于运行中不能容许发电机长期过负荷运行，因而常常只有把发电机断开，于是系统瓦解。

通常一个电力系统从正常状态或告警状态过渡到危急状态，只有几秒钟到几分钟，而当系统瓦解以后，要从恢复状态过渡到正常状态，使所有解列的发电机再同步，常常需要长得多的时间。

美国东部的电力系统在 1977 年 7 月 13 日发生了一次严重的系统瓦解事故，造成了纽约大停电，此次事故的教训现在仍然具有参考意义。当时系统的运行情况变化如下：

20：00 时纽约晚上达高峰负荷为 60 000MW，其中约一半功率由高压输电线和地下电缆送来，当时系统运行处于正常状态。

20:37 时雷击中输电线路，使 345kV 的两回输电线断开，系统失去约 1 000MW 容量，使某些线路过负荷，系统处于告警状态。

20:55 时纽约市发电量增加了 550MW，以减轻输电线的过负荷，但线路负荷仍然超过容许值，系统仍处于告警状态。

20:56 时第二次雷击中第三回 345kV 线路，不到一秒钟，由于暂态过程的结果，第四回输电线又断开，于是其余运行着的线路都过负荷超过它们的发热容许值，但这时纽约仍然继续向负荷供电，系统处于紧急状态。此时启动了所有备用的发电机组。

21:19 时由于线路过负荷，一回 345kV 线路因发热而伸长，弧垂增加，与一小树间发生弧光短路，线路又断开。于是所余线路已不能继续运行，便一一相继断开，系统处于紧急状态。

21:29 时与外部联系的最后一回线路断开，此时系统缺电约 1 700MW，使得频率不断下降，系统中的低频继电器不断动作，断开所有的负荷。同时，发电机也自动地或人为地跳开，以避免在低频运行时损坏。

21:36 时纽约全部停电。

此外，巴西电网多次发生的大停电事故也值得分析探讨。

2009 年 11 月 10 日 22:13 时，巴西某水电厂外送输电线路因雷击故障跳闸，切除了该水电厂全部 20 台水轮机组，造成巴西东南部负荷中心主要城市完全停电，18 个州 8 000 万人受影响，邻国巴拉圭全国停电，近 7 小时后系统才完全恢复。

2011 年 2 月 4 日 00:20 时，巴西东北部某变电站保护装置误触发，变电站全部 6 条高压线路跳闸，导致至少 8 个州停电，5 300 万人受影响。

2016 年 9 月 13 日 15:50 时，巴西某 ±600kV 直流工程因沿线山火，造成两条极线相继故障跳闸，使远西北边境第二大水电基地向东南部负荷中心的重要直流输电通道受阻，引起电网振荡，输电断面全部输电线路跳闸，远西北部电网与主网解列形成孤网，孤网内频率升高、电压异常，引起大量切机和切负荷。至当日 18:31 时，电网基本恢复正常。

# 第三节　调度自动化系统

电力系统调度和控制，必须根据当时系统的运行状态，并参照过去的运行情况进行，所以，为了保证系统的安全运行，必须建立一套经济而实用的调度自动化系统。现在国际和国内都是采用分层或分级的信息管理方法，通常采用三级至五级管理的体制，而每一级使用相应的调度自动化系统。这与用一套调度自动化系统把所有发电厂和变电站的信息都集中在一个调度控制中心相比，在经济上和技术上更有显著的优点。从经济上看，集中在一个地点，投资和运行费用都会很高，在经济上不会有很大效益。从技术上看，把数量很大的数据信息集中在一起，控制中心的值班人员难以顾及和处理，即使使用计算机辅助，占用内存量和处理时间也会很多。此外，从数据要求的可靠性来看，传输通道距离愈远，干扰影响就愈大，数据错误就愈可能增加。

各级调度控制的关系如图1-3所示。通常各区域系统设有调度控制中心，收集各个发电厂、变电站和线路的运行参数，以便对该区域系统的运行情况进行调度管理。区域级调度控制通常又称为第三级中心调控，用$A_3$、$B_3$、$C_3$……表示第三级区域系统A、B、C的调度控制中心，简称省调。各区域系统内根据需要，可以分地方成立地方调度控制机构，简称地调。地调一般只调度管理输变电设备和用户设备的运行。各地方根据需要，可以成立县级调度控制机构，简称县调。二级调度控制中心，是对几个有联系的区域系统（称为大区）的整个运行情况进行管理。其通常是几个省的联合调度控制中心，简称大区调或网调。这级调度机构，只调度管理各区域系统的协调运行问题，因此，信息的收集只需要收集协调运行所必需的参数和少数有参考作用的参数。这些信息，一般为从三级调度中心有选择地转送到二级，也可以从各区域间的联络线、枢纽变电站、关键性的大容量发电厂，用通道将运行参数的信息直接送至二级调度控制中心。第一级调度控制中心和全国电力系统的形成有着密切的关系。目前，由于远距离输电线投入运行，多个大区的系统联在一起，一级调度控制中心把几个大区的联合电力系统进行调度管理，以便收集必要和有参考意义的信息。形成全国联合电力系统以后，一级调度控制中心则应对全国联合电力系统收集信息进行调度管理，因而就必须建立与之相适应的全国调度自动化系统。

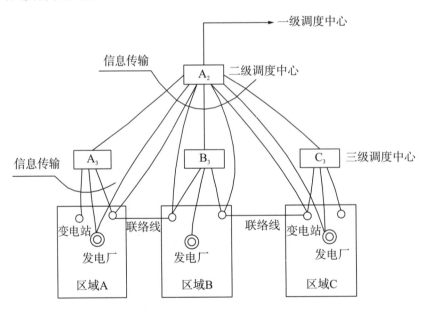

图1-3　各级调度控制的关系

目前我国通过跨省跨区电网互联，形成了横跨28个省（市、自治区）的超大规模电网，由电网调度机构对电网运行进行组织、指挥、指导和协调，以保障电网安全、优质、经济运行。根据我国《电网调度管理条例》，电网运行实行统一调度、分级管理的原则，电网调度机构分为五级：国家调度机构，跨省、自治区、直辖市调度机构，省、自治区、直辖市级调度机构，省辖市级调度机构，县级调度机构。各级调度机构在电网调度业务活动中是上下级关系，下级调度机构必须服从上级调度机构的调度，并网运行的发电厂、机组、变电站均须纳入调度管辖范围，服从调度机构的统一调度。由此建立的以五级调度中心为核心的调度体系为：国家电力调度通信中心和南方电网调度中心，东北、华北、华东、华中、西北调度通信中心（称为网调），各省、自治区、直辖市电力公司电力调度通信中心（称为省调），地区调度中心（称为地调），县级调度中心（称为县调）。

调度自动化系统随着电力系统的发展而发展，并与之相适应。20世纪70年代以前，采用的是远动装置。后来，逐渐普遍采用以计算机为基础的信息收集和处理的调度自动化系统。图1-4是一典型的以计算机为基础的调度自动化系统组成结构图。该系统主要包括：

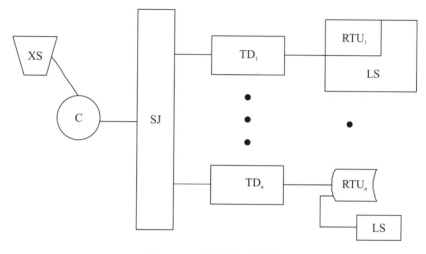

图1-4 调度自动化系统

（1）发电厂和变电站装设远程终端RTU采集厂站运行状态参数，通过通信通道TD送到调度中心；RTU也是当地厂站监控系统LS的一个基础部件；装设综合自动化厂站或智能变电站的LS具有RTU的功能。

（2）调度中心主站系统的主机C，使用数据集结器SJ，将多路信号收入主机，对收集的数据进行检查和纠错处理。

（3）监视检查重要的运行参数是否越限，并显示在显示器XS上，越限时报警。

（4）对收集检错的数据进行标度和格式变换后，送入数据库。

（5）采用状态估计方法，对系统状态变量数据进行处理，以便完成其他调度需要的功能。

由于历史发展的原因，一般厂站远程终端RTU、通信通道和数据集结器SJ的总体仍习惯沿用远动装置的名称，用RTU完成遥测YC、遥信YX以及遥控YK和遥调YT任务。

值得注意的是，调度自动化系统虽然是以计算机为核心，但仍应在人的干预作用下进行工作，所以计算机的硬件和软件应该具有足够的人-机联系功能。有关软件的情况如图1-5所示。在电力系统的运行工作中，在调度控制中心，值班人员的经验在相当长的一段时间内，是不可能全用计算机来代替的。一个运行数据是否正确，值班人员一看便知，而计算机要判断出是否正确，则需要复杂的程序。系统的操作、接线图的改变和事故的处理都必须在人的作用下，用计算机辅助进行。所以，至少在相当长的一段时间内，调度控制中心不能完全靠计算机自动进行。图1—5中，人—机联系程序是用来使人利用控制台、显示器显示和模拟盘或投影仪来了解电力系统运行情况，以及调度自动化系统的工作情况，把值得记录的数据用打印机打印出来，也可利用键盘或鼠标把命令和要求输入计算机。

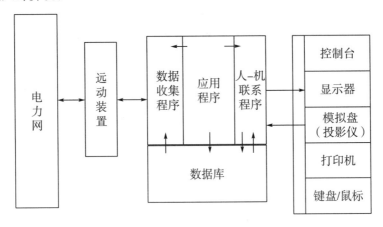

图1—5　调度自动化系统软件结构

# 第四节　调度中心的计算机系统

电力系统调度控制中心早在20世纪60年代就已经重视并开始用到计算机。最初只是将计算机用作离线计算，为系统制定运行方式而进行潮流、稳定和短路等的计算工作。到20世纪70年代，由于计算机技术的发展，接口、外围设备以及软件方法有了很大的提高，于是调度控制中心采用计算机和远动装置相结合，进行系统运行方式在线实时监视，完成越限报警、打印制表等工作。自20世纪90年代以来，价廉质优的小型、微型机的性价比逐年提高，在各行各业甚至家庭中普及使用。在这种情况下，调度控制中心便采用多计算机构成调度自动化系统。随着计算机技术、通信技术、数据库技术等信息技术的发展，调度控制中心计算机系统体系结构经历了集中式体系结构（单机或有后备的双机系统）、分布式体系结构以及开放式体系结构的发展过程，以尽可能多地实现以下主要功能：

（1）进行数据的收集和处理。

（2）屏幕显示运行方式的接线和数据，进行安全监视和控制。

（3）自动发电控制AGC、安全分析和经济调度等高层应用。

集中式体系结构采用单机或有后备的双机系统，所有处理任务由1台或2台计算机纵向分担。通过实践，集中式单（双）机系统也增加了计算机辅助实现前置通信、数据接口等多项功能，使单（双）机系统能适应更多的要求，如图1—6所示。

图1—7所示则为分布式开放式调度中心计算机系统。

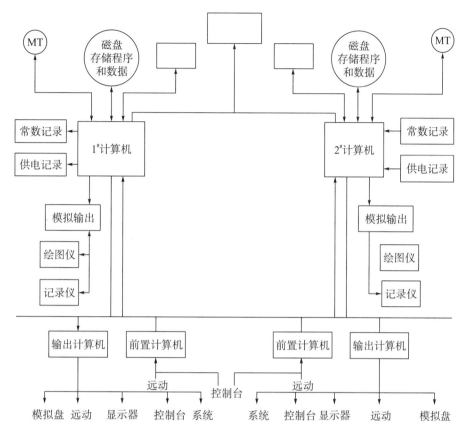

图1-6 单（双）机系统

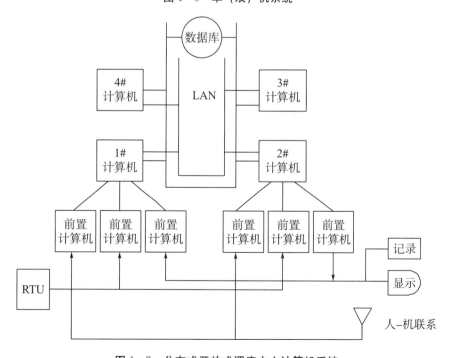

图1-7 分布式开放式调度中心计算机系统

　　分布式体系结构采用多台工作站或服务器分别担任数据收集、处理、存储、管理、运行状态监测、控制、报表打印、高层应用以及多种人－机联系等工作。这种配置的调度主机也就不一定使用大、中型计算机，而可以使用多台性能好的小型或微型计算机。这样既可以建立完整的数据库，并具有大容量的磁盘存储器，能存放更多的有用数据，而且价格还便宜。此外，多机工作下，即使有一台出现故障，也可以有备用替换，不致影响数据收集和其他的工作，还可以完成许多在线实时应用的高层调度计算任务。这种分布式的系统，各计算机间的通信和协调工作，可以采用计算机局域网 LAN，也可以采用专用通信机构，因而整个系统易于扩充和更新，软件的开发和编制也容易。

　　开放式体系结构具有分布性、互操作性和可移植性，在分布式体系结构基础上，调度管理软件能运行在多厂家的计算机系统上，在接口、服务程序、信息格式等方面均有统一功能规范，能实现多厂家系统的集成和用户接口标准化，能对现存系统进行全部更换或部分扩充。

　　调度自动化系统必须配置足够的远动装置，把调度控制中心和各发电厂、变电站在信息传输和交换中联系起来，完成遥测、遥信、遥控、遥调、遥视的任务。生产上使用的以计算机为基础的远程终端 RTU 是电力系统和调度计算机之间的通信和接口装置，它的主要功能是收集电力系统运行参数并监视电力系统厂、站设备的运行。现在使用的通信通道具有较好的抗干扰及检错能力，所以，具有较高的可靠性。近年来，厂站综合自动化和智能变电站的发展，无人值班变电站的使用，已使厂站监控装置和 RTU 结合为一体。

　　为了完成电力系统的实时监控而建立的调度自动化系统、调度主机和厂站终端的投资费用要占整个系统投资费用的很大一部分。计算机的普及为研制和生产调度自动化装置创造了条件，也就是在构成上和制式上能够有一个统一的标准，投资费用也能降低。用计算机构成的关键性技术问题，就是把通信接口的硬件用程序化接口来代替，以及实现远距离计算机网络之间的协调工作。其与计算机连接将传来的不同规约的串行数据变为并行数据，把某一传输波特率的信息流用程序存入规定的存储单元中，并对代码进行检错或纠错。

　　现代电力系统都是几个区域性的电力系统互联运行，每个区域电力系统在进行在线潮流计算和安全趋势分析时，必须将其他地区系统作为外部系统加以简化或等值。为此，便需要有关外部系统运行情况的一些数据，如某些母线的电压、某些线路的潮流及拓扑结构等。这就需要在区域系统调度控制中心之间建立数据信息的交换网络。

　　调度控制中心应用的计算机必须有使用方便的人－机接口和人－机通信设备，在这一方面发展非常迅速。人－机联系的首要设备有键盘、鼠标以及人－机交互的彩色屏幕显示，也有使用语音控制的显示装置。

## 第五节 调度自动化系统的结构和功能

要实现电力系统调度自动化，必须有一套较为完善的调度自动化系统。由于计算性能价格比不断提高，发电厂、变电站和地区调度中心都可以使用计算机作为调度控制的工具，把发电厂、变电站的计算机，地区调度所的计算机，省网调度中心的计算机以及联合调度中心的计算机，通过各种通信手段连接起来，用优化的方法和技术对整个电力系统进行调度和管理，就构成了现代的调度自动化系统，如图1-8所示。

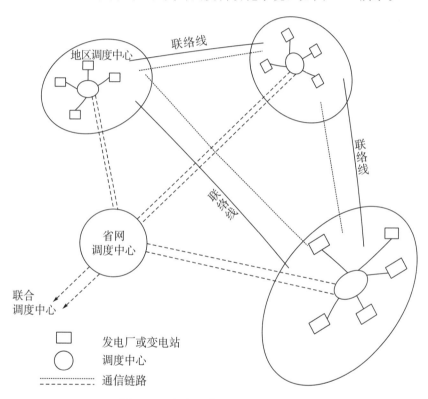

图1-8 电力系统的调度自动化系统

调度自动化系统也是一种信息管理系统，从系统信息来研究，包括三种含义：采集和变换信息，通信设备传送信息，调度中心使用信息。从系统功能来研究，包括四个子系统：信息采集和命令执行子系统，信息传输子系统，信息收集、处理与控制子系统，人机联系子系统。

调度中心为了掌握和调度所管理系统的运行情况，便需要掌握整个系统运行所必需的信息。由发电厂和变电站送到调度中心的状态信息 $Y$ 为

$$Y = \begin{bmatrix} V^t & P^t_{ij} & Q^t_{ij} \end{bmatrix} \qquad (1-4)$$

式中：$V$ 为各母线的电压向量；

$P_{ij}$ 为各支路的有功潮流向量；

$Q_{ij}$ 为各支路的无功潮流向量。

电力系统的网络结构信息 $C$ 为

$$C = \begin{bmatrix} I^t \vdots J^t \vdots BK^t \vdots R^t \vdots X^t \end{bmatrix} \tag{1-5}$$

式中：$I$，$J$ 分别为支路两端节点编号向量；

$BK$ 为支路的容纳或变压器的实际变比向量；

$R$，$X$ 分别为支路的电阻和电抗向量。

可用 $Y$ 和 $C$ 建立实时数据库，作为调度的依据。

通信装置必须具有足够的容量和速度，以保证调度中心所需要信息的传送。这种信息传送装置通常称为通信链路，是用载波、微波及光纤通信等手段把信息送入计算机。这些设备的关键参数是传送信息的速度、容量和可靠性。

为了设计和构成能合乎要求的调度自动化系统，就必须对系统的功能有明确的规定，从而定出有关指标。

调度自动化系统的功能，一般分为四级，即：

第一级：直接控制；

第二级：优化控制；

第三极：适应控制；

第四级：综合控制。

系统的功能级别愈高，电力系统的运行特性和经济效益也愈高，对信息的传送和处理能力的要求也愈高。要设计、建立好一个调度自动化系统，并要使它的功能充分发挥出来，是一项非常重要的任务，既要对电力系统的运行特性和要求有清晰的了解，又要在信息的传送、处理和计算机的应用方面，综合地规划和设计。

调度自动化系统的四级功能见表1-1，表中列举了每一功能级的具体内容。

表1-1　调度自动化系统的四级功能

| 级别 | 功能 |
| --- | --- |
| 第一级：直接控制，减少停电事故 | 1. 运行参数的采集和安全监控<br>2. 状态估计/在线潮流<br>3. 自动发电控制<br>4. 运行安全分析<br>5. 无功/电压控制<br>6. 调度员培训仿真 |
| 第二级：优化控制，提高技术经济效益 | 7. 经济调度控制<br>8. 发电计划控制（水、火电最优计划）<br>9. 短期负荷预测<br>10. 电力市场管理 |

| 级别 | 功能 |
|---|---|
| 第三级：适应控制，对系统具有事故适应能力 | 11. 系统运行安全最优控制<br>12. 系统能量管理<br>13. 系统紧急控制<br>14. 系统恢复控制 |
| 第四级：综合控制，对系统进行全面管理，提高经济效益 | 15. 最优潮流控制<br>16. 系统动态过程控制<br>17. 系统可靠性控制<br>18. 长期负荷预测－结构控制<br>19. 系统发展规划控制<br>20. 总效益核算控制 |

第一级功能中运行参数的采集和监控（Supervisory Control And Data Acquisition, SCADA）是所有调度控制的基础，但不是调度自动化的最终目的，这一功能只是为调度人员提供运行信息，定期打印运行参数和越限情况，并建立数据库所需要的数据。状态估计/在线潮流、自动发电控制、运行安全分析及无功/电压控制等，是电力系统调度自动化必须具备的功能，即任何一个调度自动化系统都应该具有的基本功能。

第二级功能的优化控制和第三级的适应控制所包括的项目是可选择的，根据不同的系统结构和运行特点，可以进行选择；而且，有些项目在理论上和实践上还正在发展。所以，应根据各系统的特点，研究出相应的实施办法。这两种功能级的任一项目实现以后，都会得到明显的甚至是很大的技术经济效益。

第四级功能是调度自动化的最高级功能。这一级的项目实现以后，电力系统调度自动化工作将对电力系统运行水平的提高和电力系统的发展起到关键的作用。

总之，电力系统调度自动化系统是电力系统运行工作中需要运用的重要技术手段。用它可以使得电能的生产、传送、分配和使用获得最大的技术经济效益，并为电力系统的发展积累重要的数据和依据。现代电网调度自动化系统在实现运行参数的采集和监控（SCADA）功能基础上，进一步配置实现了其他功能，并和电力企业管理信息系统结合起来，相互共享运行数据和管理数据，成为综合的信息系统。这种系统称为能量管理系统或电能管理系统（Energy Management System，EMS），又称为电力管理信息系统（Power Management Information System，PMIS）。

调度自动化系统包括硬件结构和软件结构两部分，这两部分既相互独立，又相互关联。设计这两部分的出发点是保证完成调度自动化的功能。判断设计的质量是依据系统硬件和软件的性能价格比，所以必须综合考虑系统的技术和经济效益。

要根据实际电力系统的情况，决定系统的各个部分和它们的组成，如图1－9所示。电力系统可以看成由许多个发电厂、许多条线路和许多个变电站组成。需要从这些一次设备取得运行状态的信息，经过计算机处理，才能了解和调度电力系统的运行。

系统的硬件组成包括信息采集子系统、通信设备、调度中心计算机系统和信息反馈子系统，对每一组成部分需要进行如下设备选型和设计：

（1）信息采集子系统：选择数据采集方式和采集装置的型号和参数。

（2）通信设备：选择通信手段，如载波机、微波机和光纤机等的型号、数量和使用频率。

（3）调度中心的计算机系统：选择计算机型号和规模，设计有关接口和相连方式。

（4）信息反馈子系统：选择接口和输出装置。

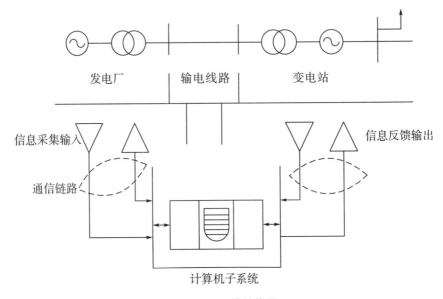

图1-9　硬件结构图

以前由于计算机的价格较高，整个调度自动化系统采用中央处理方式，即在调度中心装置一台或两台互为备用的计算机。随着计算机的性能价格比的不断提高，信息采集子系统和信息反馈子系统都可以采用计算机。这样，就构成了分布处理方式，即把中央处理方式下的一部分处理功能，转移到厂站当地综合自动化计算机上去进行，因而减轻了通信设备的负担。所以，分布处理方式已愈来愈表现出了它在技术经济上的优点。

硬件结构设计要求画出整个系统的结构图（图1-9），列出各环节设备的类型和台数，并计算标明信息流的情况。信息流是指采集和输入的信息名称、型式和速率以及要求的可靠性。由于电力系统采用多级调度管理方式，所以，信息采集以后，其中的一部分要分别送往另两级（或三级）调度中心。调度中心处理以后的反馈信息，也有的要分层反馈传送。为此，还应该设计能识别哪些信息要分级和分层传送的软件。信息传送和组织设计见图1-10。

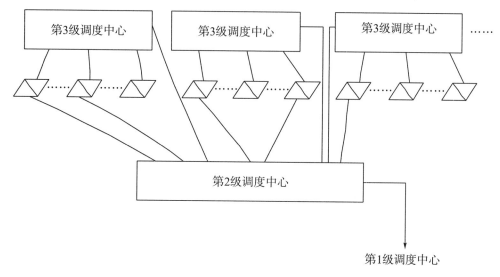

图 1—10　信息组织设计图

　　软件的结构以实时操作系统为核心，以系统的功能为前提，建立实时数据库和各种应用软件。这些软件都必须得到硬件系统的支持，并充分发挥硬件的作用。图 1—11 表示软件的开放式结构图。从图中可以看出：调度自动化的应用程序必须得到数据库和数据库管理系统的支持；再进一层，则要得到实时操作系统的支持；最后，还要得到系统硬件的支持。图 1—11 又称为软件结构层次图。

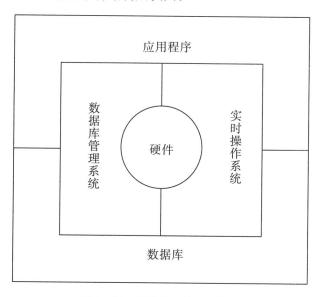

图 1—11　软件的开放式结构图

# 第二章　电力系统的状态信息和组织

## 第一节　概　述

电力系统在运行时，为了对运行过程进行安全监视和控制，以及进行在线安全分析和经济调度等，都要求有可用的系统状态参数作为原始数据。电力系统运行状态的参数都通过遥测遥信得到并集中到各级调度中心。通常的遥测遥信装置虽都具有检错能力，能够初步判定遥测遥信信息的正确程度，但对这些进入调度计算机的数据一般都还要做一定的处理。这是由于这些数据可能由时分制遥测装置取得，会使数据在时间性上的相容性降低。另外，由于技术和经济的原因，系统中的一些运行参数不可能全部得到，如由于技术上的原因，还没有简易的方法遥测母线电压的角度，目前采用相量测量装置（PMU，Phasor Measurement Unit）可基于全球同步卫星定位系统（GPS）同步采集各母线电压、线路电流，计算电压幅值、相角、频率和功率，但PMU只优化配置在部分发电厂和变电站，另外在有些地方也未装设普通遥测遥信装置，因而有关的运行参数无从直接获得。这样便要求调度计算机能在线地处理遥测遥信得到的状态参数，使它成为运行上可用的和完整的状态数据。要解决上面提出的问题，有多种可能的方法。

电力系统静态运行状态的判定是一种算法，可以用来编出计算机在线应用程序。这种算法可以根据送来的遥测遥信量和人－机输入的基本数据，决定电力系统的运行状态，包括：

第一，在线分析开关的状态，确定网络的拓扑结构。

第二，建立完整可用的电力系统数学模型，包括网络元件的参数、量测的排序、决定范围和权重系数。

第三，确定系统可观测的范围，即可观测性。

第四，状态决定，即决定系统状态参数的可使用数值。

现在较为普遍的状态估计技术，是以节点电压的模值和相角作为系统的状态参数。但是，由于相角这一参数不容易用简单的方法测量，所以用节点电压模值和相角作为状态参数进行状态估计，可采用间接递推的迭代方法。若是要针对全网进行，不但计算工作量大，而且内存单元的占用量也大。所以，100个节点以上的电网要在小型和微型计算机上实现状态估计，就遇到了不少实际问题，阻碍了状态估计技术的普及应用。近年来，人们提出了状态信息的概念，建立了利用状态信息进行系统状态判定的理论，为在计算机上决定系统状态参数和状态判定开辟了一个新的途径。这种方法在我国某些电力系统的在线计算机上应用以后，获得了令人满意的结果。

# 第二节　电力系统的状态信息

要保证电力系统的安全运行，关键在于监测系统的运行状态。调度控制中心应把从地域分布广阔的各发电厂和变电站通过遥测送来的信息（称为系统状态信息）进行科学的管理，采用有效的方法，保证各种信息的有效性和一致性；还应采用有效的算法，利用这些信息，识别系统的安全运行情况。所以，电力系统的安全监测应该包括两方面的内容：

（1）系统状态信息的管理。

（2）系统状态的识别。

关于选取哪些参数作为系统运行的状态参数，才能代表系统的运行状态，是一个还在研究的问题。另外，选定的这些参数，能不能够简单而又足够精确地量测、传送状态信息到调度控制中心，也是一个重要的问题。

当前，国内外普遍采用节点电压作为系统的状态变量。值得注意的是，节点电压是一复数，不但具有模，而且还有对参考点的相角。电力系统的状态变量 $X$ 用向量表示为

$$X = \begin{bmatrix} V^t & \vdots & \theta^t \end{bmatrix} \tag{2-1}$$

式中：$V$ 表示节点电压大小，即"模"；

$\theta$ 表示节点电压的相角。

节点电压的模值很容易量测，而相角量测就较复杂，所以，状态变量不能作为系统的状态信息。

通常选定系统的量测向量 $Z$ 为

$$Z \triangle \begin{bmatrix} P_{ij}^t & \vdots & P_i^t & \vdots & Q_{ij}^t & \vdots & Q_i^t & \vdots & V^t \end{bmatrix} \tag{2-2}$$

式中：$P_{ij}$ 表示由节点 $i$ 流向节点 $j$ 的有功功率向量；

$P_i$ 表示各节点注入有功功率向量；

$Q_{ij}$ 表示由节点 $i$ 流向节点 $j$ 的无功功率向量；

$Q_i$ 表示各节点注入无功功率向量；

$V$ 表示节点电压模值向量。

如果系统的节点数为 $T_N$，则共有 $T_N$ 个电压模值。当系统的支路总数为 $L_M$，于是 $Z$ 最多有 $2L_M + 3T_N$ 个元素。其中，$P_{ij}$ 和 $Q_{ij}$ 分别有 $L_M$ 个元素，而 $P_i$、$Q_i$ 和 $V$ 各有 $T_N$ 个元素。

对于系统的电网结构模型，通常用 $C$ 表示。

$$C = \begin{bmatrix} I^t & \vdots & J^t & \vdots & BK^t & \vdots & R^t & \vdots & X^t \end{bmatrix} \tag{2-3}$$

式中：$I$，$J$ 分别为支路两端节点号；

$BK$ 为支路的并联容纳的一半，或变压器的实际分接头变比；

$R$，$X$ 分别为各支路的电阻和电感抗。

$C$ 的各分量，即每一个向量共有 $L_M$ 个元素。

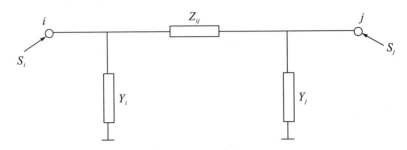

图 2-1  支路等值图

根据图 2-1，可以得到各变量间的关系。

（1）支路阻抗

$$\dot{Z}_{ij} = R_{ij} + jX_{ij} = Z_{ij} \angle \varphi_{ij} \tag{2-4}$$

支路导纳

$$\dot{Y}_{ij} = G_{ij} + jB_{ij} = Y_{ij} \angle \varphi_{ij} \tag{2-5}$$

（2）节点导纳

$$\dot{Y}_i = G_i + jB_i = Y_i \angle \varphi_i \tag{2-6}$$

$$\dot{Y}_j = G_j + jB_j = Y_j \angle \varphi_j \tag{2-7}$$

（3）支路潮流

$$\dot{S}_{ij} = P_{ij} + jQ_{ij} \tag{2-8}$$

（4）节点注入功率

$$\dot{S}_i = S_{ij} + S_{ik} + \cdots + S_{in} = \sum_k S_{ik} \tag{2-9}$$

（5）电压 $V_i$ 和电压 $V_j$ 间相角

$$\theta_{ij} = \theta_i - \theta_j \tag{2-10}$$

通常高压电网中，电阻很小，则有

$$P_{ij} = \frac{V_i V_j}{X_{ij}} \sin\theta_{ij} \tag{2-11}$$

分析式（2-11）可知，在支路的阻抗一定以后，支路的潮流 $P_{ij}$ 和两端的节点电压 $V_i$ 及 $V_j$ 可以直接决定 $\theta_{ij}$。因此，可以选取节点电压模的量测值和支路有功潮流的量测值作为系统的状态信息 $Y$。只要 $Y$ 的信息可靠，系统的状态便可以决定，系统状态情况的分析便可以进行。同时，为了增加状态信息的冗余性，再加入 $Q_{ij}$ 作为附加状态信息，因而有

$$Y = \begin{bmatrix} V^t & \vdots & P_{ij}^t & \vdots & Q_{ij}^t \end{bmatrix} \tag{2-12}$$

采用 $V$、$P_{ij}$ 和 $Q_{ij}$ 作为描述电力系统的状态信息参数，优点是容易测量和传送，量测采集装置的构造较为简单，能够保证要求的精度。用它们进行状态估计，算法比用 $V$、$\theta$ 简单，对失误数据的发现较为容易。而且，根据 $V$ 和 $P_{ij}$ 并辅以 $Q_{ij}$ 可以算出系统的各种参数，并且能容易地决定系统的运行情况。

# 第三节　状态信息的预处理

电力系统的状态信息是建立调度自动化数据库的基础，所以，取得的数据信息必须要准确可靠，合乎要求。由于电力系统在运行时，各种参数在不断地变化，因而也需要及时地对变化的参数加以更新。由遥测得到的信息，不是每一个都可以使用，因为它们是由远动装置按照装置的传送功能传送到调度中心，远动装置的采样周期和电力系统状态信息变化特性不完全一致。所以得到的信息所描述的数据都是一些"生"数据，都需要预处理成"熟"数据。

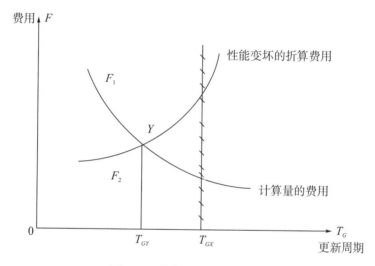

图 2-2　最佳更新周期的决定

从数据库中数据更新的观点来看，数据更新需要决定更新周期。当然，从通常的要求来说，更新周期愈短，使用的数据愈能反映实际变化的情况；但是，更新周期愈短，计算机的工作量和工作时间都会增加，对计算机的性能要求也相应提高。所以需要确定一个最佳的更新周期，见图 2-2。图中的曲线 $F_1$ 表示更新周期减小和计算量所需费用增加之间的关系，曲线 $F_2$ 则表示更新周期增加和系统控制性能变坏的折算费用增加之间的关系。两条曲线的交点，对应一更新周期 $T_{GY}$，则为最佳更新周期。更新周期 $T_G$ 的决定主要还要受到状态信息变化特性的影响。如果状态信息变化很慢，或者不变化，则用不着更新，也即是更新周期为无限大。相反，状态信息变化速度很快，更新周期则应该很短。所以更新周期 $T_G$ 与状态信息变化的频率有关，可用如下公式计算

$$T_G < \frac{1}{f_c} \tag{2-13}$$

式中：$f_c$ 为状态信息变化的频率。

设

$$T_{GX} = \frac{1}{2f_c} \tag{2-14}$$

19

如 $T_{GY} < T_{GX}$，则选 $T_{GY}$ 为更新周期。

如 $T_{GY} > T_{GX}$，则应选 $T_{GX}$ 为更新周期。

状态信息从远动装置送入调度计算机后，一般都需要采用数字滤波的方式进行预处理，以减少状态信息中的干扰。预处理的方法有许多种，现分述如下。

### 1. 取算术平均值

由远动装置送来的连续 $n$ 次测量值为 $Z_1$，$Z_2$，…，$Z_n$，取它们的算术平均值 $\bar{Z}$ 为预处理后的"熟"数据。$\bar{Z}$ 的计算为

$$\bar{Z} = \frac{1}{n} \sum_{i=1}^{n} Z_i \tag{2-15}$$

式中：$Z_i$ 为第 $i$ 次测量值。

这是一种简单平均算法，对测量值进行平滑加工，适宜于干扰为周期性的情况。$n$ 如取得太小，效果不显著；$n$ 越大，输出越稳定，但 $n$ 太大，反映运行变化的灵敏度会降低。所以，$n$ 的选择很重要，要保证"熟"数据处理所需时间小于更新周期。

### 2. 取加权平均值

对于某些滞后较大、变化较快的状态信息，可以使用加权平均的方法。设加权系数为 $\beta_i$，并有：

$$1 \geqslant \beta_i \geqslant 0 \tag{2-16}$$

和

$$\sum_{i=0}^{K} \beta_i = 1$$

这是对不同次数的量测值，给以不同的加权系数。

于是，可得加权平均值

$$\bar{Z}_j = \sum_{i=1}^{n} \beta_i Z_i \tag{2-17}$$

### 3. 取中间值

为了去除脉冲性的干扰，可以将连续三次以上得到的状态信息，取其中间值，作为预处理后的数据 $Z_z$。

设 $Z_1 < Z_2 < Z_3$

则
$$Z_z = Z_2 \tag{2-18}$$

### 4. 取逐次处理的滤波值

为了减弱或消除周期性的干扰，可以采用逐次数字滤波处理的方法，即取

$$X_{(1)} = \beta(Z_1 - Z_{(1)}) + Z_{(1)}$$

式中：$\beta$ 为滤波系数，小于1；

$Z_{(1)}$ 为原状态信息值。

然后

$$X_{(2)} = \beta(Z_2 - X_{(1)}) + X_{(1)} \qquad (2-19)$$

及

$$X_{(n)} = \beta(Z_n - X_{(n-1)}) + X_{(n-1)} \qquad (2-20)$$

选取最好的 $\beta$ 值，以达到滤去干扰的目的。

# 第四节　实时数据库

调度控制中心计算机应用的软件系统中，数据库新技术的使用近年来普遍受到重视。随着计算机科学领域中数据库技术的不断发展，为了更有效地发挥电力系统计算机实时应用的作用和功能，就要求从理论上和实践上不断应用数据库技术的新成果，结合电力系统实时应用的特点，建立和使用更加有效的数据库。

1. 数据库是数据收集和信息管理的核心部分

它能最快和最有效地为各种应用程序提供需要的数据，同时也能将应用程序计算和处理的结果收集整理，以便进一步使用。数据库分为实时数据库和历史数据库，数据库的作用和有关部分之间的关系见图 2-3。从电力系统运行的需要来看，调度中心计算机系统的数据库应满足如下要求：

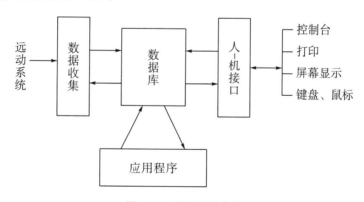

图 2-3　数据库的作用

（1）数据能快速存取；
（2）数据库的建立和更新与应用程序无关；
（3）数据库有完善的管理系统，保证使用的方便和可靠；
（4）数据库的内容及时收集和更新。

2. 使用实时数据库可以取得电力系统的结构参数和运行数据

（1）系统各支路的阻抗和容纳以及变压器的变化；

（2）开关的位置，表示系统联结的情况；

（3）各母线的电压数值；

（4）发电机、变压器和线路的功率；

（5）负荷（包括电容器组）的功率或电流。

### 3. 数据库还存放有安全监视的各种约束条件

（1）母线电压的上限和下限；

（2）支路的上限功率或上限电流；

（3）各电厂的出力限制条件；

（4）其他报警状态以及事故追忆 SOE 等要求的数据。

### 4. 对数据库的数据的规定

在建立数据库时，必须注意到数据库收集的内容，大部分都是由远动系统从不同的厂、站传送到控制中心。而传送来的数据类型和表示方法常常互不一致，因而必须重新组合整理，才能存入数据库。为此目的，对每一进入数据库的数据，必须对它的特点加以规定。这些规定如下：

（1）数据来源的名称；

（2）数据描述方法和格式；

（3）数据的范围；

（4）数据的变换常数；

（5）数据值的误差和精度要求；

（6）数据更新的时间要求。

有了上述各种原始资料以后，就可以用来设计和建立调度中心计算机数据库。设计和建立调度中心数据库主要需进行三方面的工作：

第一，设计库容和有关命名原则；

第二，确定数据库的逻辑结构及寻址方法；

第三，研制数据库管理系统。

上面三方面工作的核心理论问题是数据库的逻辑结构。所谓数据库的逻辑结构，是指数据库中，各种存放的数据之间在逻辑上的结构关系。现在使用的数据库有三种逻辑结构：

第一种称为树形逻辑结构，如图 2-4 所示。每一个点用一个圈表示，每一个圈代表数据的一个属性，圈 I 代表若干个数据的第一属性——主要属性；圈 II 代表这一类数据再分类用的第二属性；圈 III 代表要再区分用的第三属性。树形逻辑结构的特点是不同属性的两个点圈间只有一根连线，用标写属性的符号填写在圆圈内。

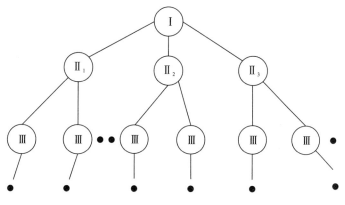

图 2-4　树形逻辑结构

第二种称为网状逻辑结构。它也由一些圈和线组成，与树形逻辑结构的区别在于，任何不同属性的两圈之间，可能不只一条线相联结，见图 2-5。网状逻辑结构可以表示各种复杂的数据结构关系。树形逻辑结构数据的存放地址，可以用简单的数学关系来描述；而网状逻辑结构的关系要复杂一些。

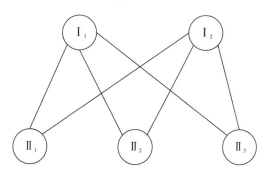

图 2-5　网状逻辑结构

第三种称为关系数据表结构，是较普遍使用的。它是一种简单且便于使用的结构。它的特点是根据应用程序使用数据的要求，将各种数据在逻辑关系上分类，每一类可以用一张二维数据表（称为关系数据表）来表示，如图 2-6。

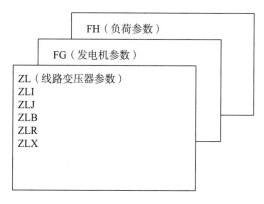

图 2-6　关系数据表结构

电力系统使用的实时数据库，通常是使用关系型的逻辑结构。这种结构，在技术上使应用程序在调用数据时，最好能够一次寻址，尽量避免间接寻址。为了做到这一点，各种数据的属性归类，不是按厂、站编号归类，而是按运行参数的种类归类。从实用观点来看，使用图 2-6 所示的关系结构，具有简单、灵活，易于发展等优点。每一关系数据表常作为一个数据文件并给一名称，如：

ZL 表示线路变压器参数；

FG 表示发电机的参数；

FH 表示负荷的参数；

VT 表示母线电压；

PQ 表示线路潮流。

所有关系数据表的命名原则都应该简单，并有符合习惯的不能重复的名称。每一关系数据表的行数和列数不一定都相等，而应根据分类特性而定，并要考虑系统的发展。

数据库的建立和使用，必须有相应的数据库管理系统（也称为数据库管理软件），用来生成、查询、更新数据库的各个数据。在应用程序使用数据库的数据时，对使用过程进行控制，保证应用程序所用到的数据的相容性。数据库管理程序和有关的联系见图 2-7。

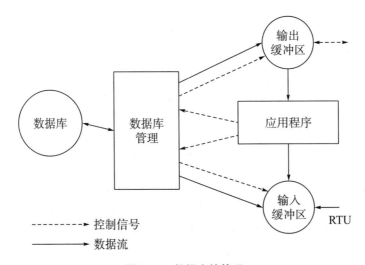

图 2-7　数据库的管理

数据库的建立和数据的输入/输出过程都由管理程序辅助操作系统进行。每一应用程序需要从数据库取得数据或向数据库输送数据，由管理程序进行控制。使用输入和输出缓冲区的目的是对需要输入或输出的许多数据在时间上给以安排和准备。

# 第五节　人－机数据通信

电力系统调度控制中心使用的实时调度计算机，是实现调度自动化和能量管理的重要工具，但是，调度自动化的工作必须在调度运行人员的干预下进行，而不是一切都由计算机预先编制的程序来控制进行。一般情况下，不会采用无人值班的调度方式。这主要是由于电力系统运行状态的复杂和多变，现在还不可能有一种成熟的数学描述方式来代替调度人员对当时系统的运行情况、可能的发展趋势以及可提供的多种参考数据做出综合分析和决策判断。调度人员根据提供的这些资料，并结合过去的经验，向计算机输入有关指令，进行咨询，就可以根据计算机的数据资料，全面考虑多种因素，完成系统运行的调度工作，所以调度人员和计算机间的通信联系便显得非常重要。

### 1. 调度控制台显示的图形和数据

现在采用大屏幕高分辨率彩色显示器和投影仪，放在调度控制台用以显示如下的图形和数据：

（1）系统的一次运行接线图：发电厂、变电站及各线路的实时运行的情况，开关的运行状态，并标有母线电压和线路及变压器潮流的数据，以及是否越限的信号等，通常由许多幅画面组成。

（2）运行参数的表格：除了母线电压，发电机、变压器和线路的潮流统计表格外，还有发供电量的统计、网损的情况等。

（3）各种运行的曲线，如日负荷曲线、电压变化曲线、稳定区域等。

（4）安全趋势分析以及其他高层应用分析的结果。

### 2. 输入信息的作用

指令输入主要靠调度人员使用控制台上的键盘和鼠标，也可采用语音识别作辅助性的输入工具。输入信息的作用：

（1）要求显示需要的画面；

（2）启动某些控制操作，然后由计算机按预先编定的程序执行；

（3）向数据库输入或改变某些数据，检查数据库的情况和进行维护工作；

（4）指定计算机的使用方式；

（5）运行人员的培训工作。

计算机还接有打印机，定时或根据需要打印各种运行报表；接有报警装置，预报电力系统的紧急状态。

### 3. 结构数据的表格组成

屏幕显示由显示程序来实现。显示程序可按调度人员的要求来启动和选择。各种画面信息由磁盘文件提供。显示的方法如图2-8所示，显示的画面文件预先存放在磁盘文件中。当调度人员启动程序和从磁盘调出文件，选择画面后，由数据库提供随时更新的数据，通过显示信息接口，在屏幕上显示出画面和及时更新的数据，这些结构数据由三种表格组成。

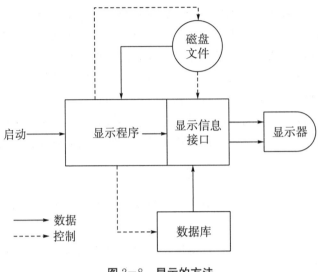

图 2-8　显示的方法

（1）控制表：画面的数据以及画面结构元素的位置信息。

（2）静态信息表：主要是画面的结构元素。

（3）动态信息表：由数据库提供的各种随时间变化的画面结构元素及显示的运行参数。

如果某一幅画面上有动态数据，则由显示程序中的动态更新程序，从数据库读出这些新的数据，并将它们传送到显示接口，通常这些数据是几秒钟更新一次。画面的转换必须按调度人员的要求启动和选择。

信息和数据的输入，由调度人员使用键盘或控制台上的其他各种输入工具和输入软件来实现。输入软件又称输入程序，它的相关结构关系如图 2-9 所示。

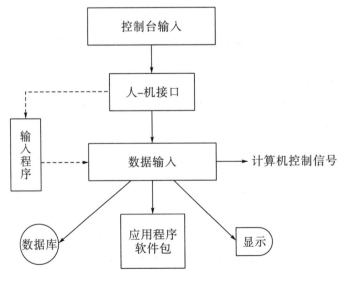

图 2-9　信息和数据输入

人－机输入的内容包括控制信息和数据两部分。控制信息用来启动和选择相应的输入程序；数据则由输入程序来编排，并送到相应的位置，如送到数据库或提供给应用程序或供显示等。

# 第六节 线路和变压器运行方程式

电力系统的运行状态，可以根据系统是否满足等式约束条件和不等式约束条件来决定，也就是关键的问题在于需要了解电力系统中各母线的电压值，从网络的观点来看，也称为各节点的电压值，同时，还需要了解各发电机、变压器和线路中的功率潮流值，从网络的观点来看，就是各支路的功率值。当系统的结构参数一定时，节点电压值和支路的功率值之间存在一定的数学关系。在实际调度控制工作中，常常要使用这些关系，通过一种量求另一种量，以便对状态进行分析。

首先对输电线路的这种关系进行分析，图 2−10 表示一输电线路和它的等值图。线路连接在母线 $i$ 和母线 $j$ 之间，在母线 $i$ 上有输入功率 $S_{Gi}$ 和负荷功率 $S_{Li}$；在母线 $j$ 上有输入功率 $S_{Gj}$ 和负荷功率 $S_{Lj}$；实际上输入功率 $S_{Gi}$ 或 $S_{Gj}$ 可能为 0，负荷功率 $S_{Li}$ 或 $S_{Lj}$ 也可能为 0，如图 2−10 （a）所示。

设母线 $i$ 和母线 $j$ 的注入功率为 $S_i$ 和 $S_j$，则有

$$S_i = S_{Gi} - S_{Li}$$

和

$$S_j = S_{Gj} - S_{Lj}$$

所以，母线 $i$ 和 $j$ 的注入功率是实际输入功率和负荷功率之差，如图 2−10 （b）所示。

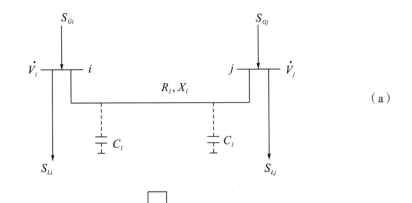

（a）

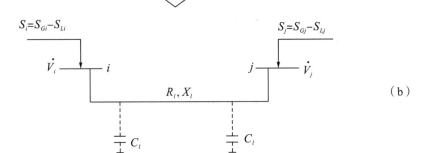

（b）

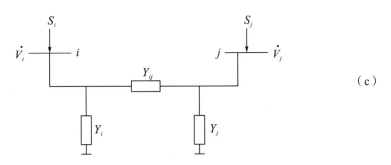

（c）

图 2—10　输电线路及其等值图

如以有功功率和无功功率分别表示时，即有

$$\begin{cases} S_i = (P_{Gi} - P_{Li}) + \mathrm{j}(Q_{Gi} - Q_{Li}) \\ S_j = (P_{Gj} - P_{Lj}) + \mathrm{j}(Q_{Gj} - Q_{Lj}) \end{cases} \qquad (2-21)$$

注入功率 $S_i$ 和 $S_j$ 的符号，以流入母线为正。

可以进一步做出线路的等值图如图 2—10（c）所示，$Y_{ij}$ 为节点 $i$ 和 $j$ 间的导纳，它是线路串联阻抗的倒数，即

$$\dot{Y}_{ij} = \frac{1}{R_{ij} + jX_{ij}} \qquad (2-22)$$

$Y_i$ 和 $Y_j$ 为线路并联电容导纳的一半。

根据图 2-10（c），可以得到如下的导纳矩阵方程：

$$\begin{bmatrix} \dot{Y}_{ii} & \dot{Y}_{ij} \\ \dot{Y}_{ji} & \dot{Y}_{jj} \end{bmatrix} \begin{bmatrix} \dot{V}_i \\ \dot{V}_j \end{bmatrix} = \begin{bmatrix} \dot{I}_i \\ \dot{I}_j \end{bmatrix} \tag{2-23}$$

式中：$\dot{Y}_{ii} = \dot{y}_i + \dot{y}_{ij}$ ；

$\dot{Y}_{ij} = \dot{Y}_{ji} = -\dot{y}_{ij}$ ；

$\dot{Y}_{jj} = \dot{y}_j + \dot{y}_{ji}$ ；

$\dot{y}_{ji} = \dot{y}_{ij}$ ；

$$\begin{bmatrix} \dot{I}_i \\ \dot{I}_j \end{bmatrix} = \begin{bmatrix} S_i^* / V_i^* \\ S_j^* / V_j^* \end{bmatrix} 。 \tag{2-24}$$

这里 * 表示共轭值，· 表示复数或向量。

由式（2-23），并考虑式（2-24）后，可得：

$$\begin{cases} S_i^* = P_i - jQ_i = V_i^* \dot{I}_i = V_i^* \dot{V}_i \dot{Y}_{ii} + V_i^* \dot{V}_j \dot{Y}_{ij} \\ S_j^* = P_j - jQ_j = V_j^* \dot{I}_j = V_j^* \dot{V}_i \dot{Y}_{ji} + V_j^* \dot{V}_j \dot{Y}_{jj} \end{cases} \tag{2-25}$$

又设

$\dot{V}_i = V_i \angle \theta_i$

$\dot{V}_j = V_j \angle \theta_j$

$\dot{Y}_{ii} = Y_{ii} \angle \gamma_{ii}$

$\dot{Y}_{ij} = -Y_{ij} \angle \gamma_{ij}$

$\dot{Y}_{jj} = Y_{jj} \angle \gamma_{jj}$

$\dot{Y}_{ji} = -Y_{ji} \angle \gamma_{ji}$

并有

$\theta_{ij} = \theta_i - \theta_j$

$\theta_{ji} = \theta_j - \theta_i$

则又可以写成

$$S_i^* = V_i^2 Y_{ii} \angle \gamma_{ii} - V_i V_j Y_{ij} \angle (\theta_j - \theta_i + \gamma_{ij}) \tag{2-26}$$

和

$$S_j^* = V_j^2 Y_{jj} \angle \gamma_{jj} - V_j V_i Y_{ji} \angle (\theta_i - \theta_j + \gamma_{ji}) \tag{2-27}$$

若令

$\alpha_{ii} = 90° + \gamma_{ii}$ , $\alpha_{ij} = 90° + \gamma_{ij}$

$\alpha_{jj} = 90° + \gamma_{jj}$ , $\alpha_{ji} = 90° + \gamma_{ji}$

于是，可得

$$\begin{cases} P_i = Y_{ii} V_i^2 \sin\alpha_{ii} + Y_{ij} V_i V_j \sin(\theta_i - \theta_j - \alpha_{ij}) \\ Q_i = Y_{ii} V_i^2 \cos\alpha_{ii} - Y_{ij} V_i V_j \cos(\theta_i - \theta_j - \alpha_{ij}) \end{cases} \tag{2-28}$$

和

$$\begin{cases} P_j = Y_{jj}V_j^2\sin\alpha_{jj} + Y_{ji}V_jV_i\sin(\theta_j-\theta_i-\alpha_{ji}) \\ Q_j = Y_{jj}V_j^2\cos\alpha_{jj} - Y_{ji}V_jV_i\cos(\theta_j-\theta_i-\alpha_{ji}) \end{cases} \quad (2-29)$$

式（2-28）和式（2-29）在分析线路运行状态和研究控制措施时是非常有用的方程式。当不考虑线路的电阻和电容时，上面的公式可以大为简化，此时因

$$\alpha_{ii}=0,\ \alpha_{jj}=0,\ \alpha_{ij}=0,\ \alpha_{ji}=0$$

设

$$Y_{ij}=Y_{ji}=Y$$

于是

$$\begin{cases} P_i = YV_iV_j\sin(\theta_i-\theta_j) \\ Q_i = YV_i^2 - YV_iV_j\cos(\theta_i-\theta_j) \end{cases} \quad (2-30)$$

和

$$\begin{cases} P_j = YV_jV_i\sin(\theta_j-\theta_i) \\ Q_j = YV_j^2 - YV_jV_i\cos(\theta_j-\theta_i) \end{cases} \quad (2-31)$$

式中：$\theta_i-\theta_j$ 也可以写作 $\theta_{ij}$；

$\theta_j-\theta_i$ 也可以写作 $\theta_{ji}$。

使用上述公式时，也常用 $\dfrac{1}{X_{ij}}$ 或 $\dfrac{1}{X}$ 代替 $Y_{ij}$ 或 $Y$。

例：已知输电线路的参数为

$Z_{ij}=Z_l=0+j0.2$ 标幺值

不计分布电容，即

$y_i=0$ 和 $y_j=0$

有 $V_i=1$，$V_j=1$ 标幺值

求线路的功率方程式：

因 $\bar{Y}_{ij}=y_{ij}\angle\gamma_{ij}=1/j0.2=5\angle-90°$

所以 $Y_{ij}=5$

则

$$P_i = Y_{ij}V_iV_j\sin\theta_{ij} = 5\sin\theta_{ij}$$
$$Q_i = Y_{ij}V_i^2 - Y_{ij}V_iV_j\cos\theta_{ij} = 5 - 5\cos\theta_{ij}$$

及

$$P_j = Y_{ij}V_jV_i\sin\theta_{ji} = 5\sin\theta_{ji}$$
$$Q_j = Y_{ij}V_j^2 - Y_{ij}V_jV_i\cos\theta_{ji} = 5 - 5\cos\theta_{ji}$$

# 第七节　发电机的运行方程式

电力系统中有许多发电厂，发电厂中的发电机与系统连接以后，它的输出功率和要求的电势大小不但由本厂的情况决定，而且也受系统中其他发电机和负荷的运行情况影响。因此，要分析系统中发电机的情况，必须要研究和分析发电机的运行状态方程式。

这些方程式，可以在稳定运行时使用，也可以在暂态过程中使用。在稳态运行使用时，发电机可以用一个电抗和一个电势来代替。通常有调压器时是用暂态电抗 $X'_d$ 和它的等值电势 $E'$ 来代替。负荷则可以用它的等值导纳来代替，等值导纳可以由负荷取用的有功和无功功率 $P_L + jQ_L$，以及它的端电压 $V_L$ 表示，按下式计算

$$\dot{Y}_L = \frac{P_L}{V_L^2} - j\frac{Q_L}{V_L^2} \tag{2-32}$$

在不知道实际的端电压 $\dot{V}_L$ 值时，可以用额定电压 $\dot{V}_G$ 来计算。

在暂态过程中，发电机也可以用 $\dot{Y}_{GV}$ 和 $\tilde{Y}_{VG}$ 来代替。要精确计算，可以根据暂态过程中的时刻计算发电机在该时刻的电势值和用负荷动态特性计算负荷的等值导纳。

图 2—11 表示的是电力系统的等值图。系统接有 $n$ 台发电机 $G_1$，$G_2$，…，$G_n$，每台发电机等值一个发电厂。为了进行分析计算，每台发电机用一等值的暂态电抗 $X'_d$ 及其电势 $E'$ 来代替。如果系统有 $m$ 个节点（母线），其中接有发电机的节点 $n$ 个，则可以写出系统的节点导纳矩阵方程为

$$\dot{Y}_V \dot{V}_T = \dot{I}_T \tag{2-33}$$

将上述导纳矩阵方程，按照接发电机的节点和其他节点分类后，则有

$$\begin{matrix} n \\ m-n \end{matrix} \begin{bmatrix} \dot{Y}_{GG} & \dot{Y}_{GV} \\ \dot{Y}_{VG} & \dot{Y}_{VV} \end{bmatrix} \begin{bmatrix} \dot{V}_G \\ \dot{V}_V \end{bmatrix} = \begin{bmatrix} \dot{I}_T \\ 0 \end{bmatrix} \tag{2-34}$$
$$\quad\quad n \quad m-n$$

式中：$\dot{V}_G$ 和 $\dot{V}_V$ 分别为接发电机节点的节点电压和其他节点的节点电压向量，其维数分别为 $n$ 和 $m-n$。

$\dot{Y}_{GG}$，$\dot{Y}_{GV}$，$\dot{Y}_{VG}$，$\dot{Y}_{VV}$ 为对应于发电机节点和其他节点而分块的导纳矩阵子矩阵。

$\dot{I}_T$ 为发电机节点的注入电流。

现在为了能直接用电势求出发电机输给系统的功率，应该在式（2—34）中增加发电机的电势节点，称为发电机内节点 $1'$，$2'$，…，$n'$（见图 2—11）。设 $Y'_d$ 表示发电机的导纳矩阵

$$Y'_d = diag(Y'_{d1}, \cdots, Y'_{dn}) \tag{2-35}$$

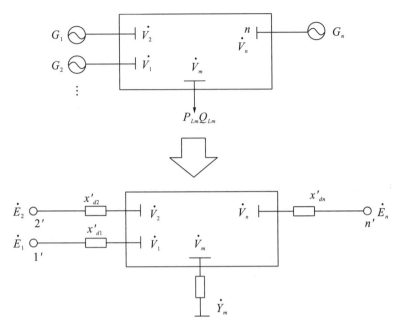

图 2-11 电力系统的等值图

则增加后的导纳矩阵为

$$\dot{Y}' = \begin{matrix} n \\ n \\ m-n \end{matrix} \begin{bmatrix} Y'_d & -Y'_d & 0 \\ -Y'_d & \bar{Y}_{GG}+Y'_d & \bar{Y}_{GV} \\ 0 & \bar{Y}_{VG} & \bar{Y}_{VV} \end{bmatrix} \qquad (2-36)$$
$$\quad n \qquad n \qquad m-n$$

将式（2-36）的矩阵对只保留内节点进行简化，于是可得发电机内节点驱动导纳矩阵方程

$$Y_d\dot{E} = \dot{I}_G \qquad (2-37)$$

式中：$Y_d$ 为只含发电机内节点的网络驱动导纳矩阵；

$\dot{E}$ 为发电机的电势向量；

$\dot{I}_G$ 为发电机的电流。

从式（2-37）可以得到发电机 $i$ 输出的有功功率为

$$
\begin{aligned}
P_{ei} &= \mathrm{Re}(\dot{E}_i I_i^*) \\
&= E_i^2 Y_{dii}\cos\gamma_{ii} - \sum_{\substack{j=1 \\ j\neq i}}^{n} E_i E_j Y_{dij}\cos(\delta_j - \delta_i + \gamma_{ij})
\end{aligned}
\qquad (2-38)
$$

式中：$\bar{Y}_{dii} \triangleq Y_{dii}\angle\gamma_{ii}$ 称为发电机 $i$ 对系统的输入导纳；

$\bar{Y}_{dij} \triangleq Y_{dij}\angle\gamma_{ij}$ 称为发电机 $i$ 对发电机 $j$ 间的转移导纳。

以及

$$\dot{E}_i = E_i\angle\delta_i$$
$$\dot{E}_j = E_j\angle\delta_j$$

式中：$\delta_i$ 和 $\delta_j$ 为发电机电势向量对系统中某一参考节点电压向量间的相角，通常称为功角，改变它们的大小会改变发电机输出的有功功率。

为了书写简单，将驱动导纳矩阵 $Y_d$ 各元素的下标 $d$ 省去，并用 $\alpha_{ii}$ 和 $\alpha_{ij}$ 来代替 $\gamma_{ii}$ 和 $\gamma_{ij}$，即

$$\alpha_{ii} = 90° + \gamma_{ii}$$
$$\alpha_{ij} = 90° + \gamma_{ij}$$

于是式（2−38）变为

$$P_{ei} = Y_{ii}E_i^2 \sin \alpha_{ii} + \sum_{\substack{j=1 \\ j \neq i}}^{n} Y_{ij}E_iE_j \sin(\delta_i - \delta_j - \alpha_{ij}) \qquad (2-39)$$

同时可得发电机 $i$ 输出的无功功率为

$$Q_{ei} = Y_{ii}E_i^2 \cos \alpha_{ii} - \sum_{\substack{j=1 \\ j \neq i}}^{n} Y_{ij}E_iE_j \cos(\delta_i - \delta_j - \alpha_{ij}) \qquad (2-40)$$

# 第八节　调度信息的组织和判定

现代电力系统为保证安全经济运行而建立的调度自动化系统，必须要有完整而相容的实时数据。来自各厂站终端采集的数据，应以信息组织和传递的优化方式，送到调度控制中心，进行信息的变换和处理后，才能得到安全和经济计算所要求的实时数据。因此整个过程是信息的采集、传递、变换和处理的过程。

任何复杂程度不同的电力系统的结构，都可以用图来表示。设用 $G$ 表示图，则有

$$G \triangleq \{V, E, I\} \qquad (2-41)$$

式中：$V$ 表示图的顶点，相当于电力网络的母线或节点；

　　　$E$ 表示图的边，相当于电力网络的元件或支路；

　　　$I$ 表示顶点和边的关联性，相当于电力网络元件和母线连接的关系。

图 2−12 表示某一电力系统的拓扑结构图，图中实心圆表示发电厂，空心圆表示变电站，直线段表示线路。

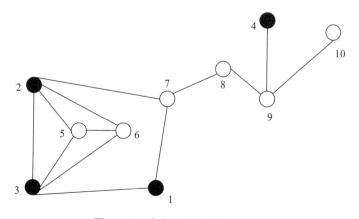

图 2−12　电力系统的拓扑结构图

为了实时采集系统的运行状态信息，并进行处理，使它们成为安全、经济运行分析和计算可用的数据，可以利用电力系统的拓扑结构和运行参数间的数学关系，并与信息组织的理论相结合，最有效地来进行状态估计和判定工作。

信息树 $I \cdot T$ 是根据电网的拓扑结构，对状态信息采集的数学相关关系构成的树形结构。它包括根、枝、节和尖的集合，表示为

$$\begin{cases} I \cdot T_i \triangleq \{r, b_i, n_j, t_k\} \\ \forall i = 1, 2, \cdots, l \\ j = 1, 2, \cdots, m \\ k = 1, 2, \cdots, n \end{cases} \tag{2-42}$$

式中：$r$ 表示根；

$b_i$ 表示第 $i$ 枝，共 $l$ 枝；

$n_j$ 表示第 $j$ 节，共 $m$ 个节；

$t_k$ 表示 $k$ 尖，共 $n$ 尖。

信息元 $I \cdot E$ 是信息树的组成单元，是构成状态信息关联关系的基础。它是两个或一个节和一个尖和相连枝的集合，表示为：

$$\begin{cases} I \cdot E \triangleq \{i_l \,|\, i_l = \langle n_i, b_{ij}, n_j \vee t_j \rangle\} \\ \forall l = 1, 2, 3, \cdots, l \end{cases} \tag{2-43}$$

由此可得信息元的有限集合，因而有

$$I \cdot E = \{i_1, i_2, \cdots, i_l\} \tag{2-44}$$

任一信息元含有两个节和一个枝的状态信息，或一个节及一个尖和一个枝的状态信息。这些状态信息间根据原网络的特性，必然存在着确定的函数关系。由于信源和信道多种原因引起的误差和干扰，必须在调度控制中心对它们进行识别和判别。对每一信息元可以定出一判别函数，整个信息树的判别函数集合 $C_l$ 则为

$$C_l = \{f_1, f_2, \cdots, f_l\} \tag{2-45}$$

式中：$f_1$，$f_2$，$\cdots$，$f_l$ 为每一信息元的判别函数，用以判别各信息元的信息度。

由于干扰和误差不可避免，可以选择一允许的阀值，衡量信息元的信息可用性。

对于一个信息树，可以从根开始，向尖构成多分支的信息元系列，并依次进行各信息元所对应状态信息的判别和识别，以及对相应的状态变量值进行估计。对任一信息元 $I \cdot E$ 的信息可用性，则有

$$f_e = f_\alpha \wedge f_\beta \wedge \cdots \wedge f_\gamma = \mathop{\wedge}\limits_{i=\alpha}^{\gamma} f_i \tag{2-46}$$

这里 $\alpha$，$\beta$，$\cdots$，$\gamma$ 为从根到尖的方向进行；$\wedge$ 为交运算。

显然对任何一个节的信息 $I_n$ 所作的判别，则是从根开始的各元组合，即

$$f_n = \mathop{\wedge}\limits_{i} f_i \tag{2-47}$$

一个信息元靠近根的节点称为源节点，靠近尖的节点称为导节点。从根到尖依次按信息元进行状态处理时，则是以每一信息元从源节点到导节点，使用状态判定算法。

如果 $i$ 个信息元的信息可用或不失误的概率为

$$P(f_i) > 0 \quad \forall i = 1, 2, \cdots \tag{2-48}$$

一个信息树上任何一个节点 $m$，它的信息判定可靠度 $P_m(f_m)$，可计算如下

$$P_m(f_m) = P(f_1)P(f_2)\cdots P(f_m)$$

$$= \prod_{i=1}^{m} P(f_i) \tag{2-49}$$

式中：$P(f_1)$，$P(f_2)$，…，$P(f_m)$ 分别为从根到节点 $m$ 为序的各信息元的可用概率。如各信息元的可用概率相同，设为 $P(f)$，显然

$$P_m(f_m) \triangleq (P(f))^m \tag{2-50}$$

对应于任一电力网络（如图 2-12）可以做出多个信息树，每一信息树有特定的信熵：

$$H_t \triangleq -\sum_m P_m(f_m) \log_2 (P_m(f_m)) \tag{2-51}$$

这里，$\sum_m$ 是除根节点外，将所有节的信息判定可靠度 $P_1(f_1)$，$P_2(f_2)$，…按上式求和。

电力网络一定，选择不同节点作为根节点，则得到不同信息树，可以分别算出它们的信熵值。选择一合适的节点 $r$ 为根节点，做出信息树，它的信熵最大时，则这一信息树称为最大信熵树。

使用最优信熵树理论的状态信息组织方法，是将各厂站收集和传递到调度中心的信息，以式（2-51）为依据，加以组织和处理。以获得最大的信熵为原则，选择树的根节点，然后形成信息处理和判定用的树后，按信息元序列进行信息组织和处理。对任一信息元包括两端点和一个枝，如图 2-13 所示。两个端点 $i$ 和 $j$，可以是一个根和一个节或者分别是两个节，或者是一个节和一个尖等。各种状态参数标在图中。端点 $i$ 和 $j$ 的状态信息分别从两个不同的厂站采集送到调度中心，经过整理组织后，进行估计和判定处理。

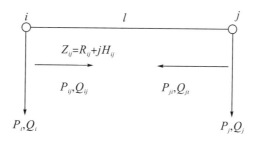

图 2-13　信息元构成

厂站 $i$ 和 $j$ 送来的状态信息是否具有可用的相容性，则选择下述的判别函数，分别计算出其值后进行判定。判别函数可以是：

（1）相对角度 $\theta_{ij}$，即电压 $V_i$ 和 $V_j$ 向量间的夹角，可用下式求得

$$\begin{cases} P_{ij} = \dfrac{V_i^2}{Z_{ii}} \sin \alpha_{ii} + \dfrac{V_i V_j}{Z_{ij}} \sin(\theta_{ij}^i - \alpha_{ij}) \\[3mm] P_{ji} = \dfrac{V_j^2}{Z_{jj}} \sin \alpha_{jj} + \dfrac{V_i V_j}{Z_{ji}} \sin(\theta_{ji}^j - \alpha_{ji}) \end{cases} \tag{2-52}$$

式中：$\theta_{ij}^i$ 是从 $i$ 端求得的数值；$\theta_{ji}^j = -\theta_{ij}^j$，为从 $j$ 端求得的数值。

如果 $|\theta_{ij}^i|$ 和 $|\theta_{ji}^j|$ 之差小于判别允许值，即

$$\| \theta_{ij}^i | - |\theta_{ji}^j \| < \varepsilon_\theta \qquad (2-53)$$

则认为这一信息元的信息有可用相容性。

（2）电压降 $\Delta V_{ij}$，取其模值作为判断，如取纵和横向分量，则有：

$$\begin{cases} \Delta V_{ij}^i = \dfrac{(P_{ij}R_{ij} + Q_{ij}X_{ij})^2}{V_i^2} + \dfrac{(P_{ij}X_{ij} - Q_{ij}R_{ij})^2}{V_i^2} \\[3mm] \Delta V_{ji}^j = \dfrac{(P_{ji}R_{ij} + Q_{ji}X_{ij})^2}{V_j^2} + \dfrac{(P_{ji}X_{ij} - Q_{ji}R_{ij})^2}{V_j^2} \end{cases} \qquad (2-54)$$

式中：$|\Delta V_{ij}^i|$ 和 $|\Delta V_{ji}^j|$ 分别为从 $i$ 端和 $j$ 端求得的数值。

同样，如果 $\Delta V_{ij}^i$ 和 $\Delta V_{ji}^j$ 绝对值之差小于允许值，即

$$\| \Delta V_{ij}^i | - |\Delta V_{ji}^j \| < \varepsilon_X \qquad (2-55)$$

则认为这一信息元的信息有可用相容性。

类似地，还可以采用支路的有功和无功损耗，分别从 $i$ 端和 $j$ 端计算来作为判断。

如果判断结果说明有可用相容性，则可以认为没有不良数据，就可以计算估计值 $\hat{V}_i$，$\hat{V}_j$，$\hat{P}_{ij}$ 和 $\hat{P}_{ji}$，满足

$$\min J = (V_i - \hat{V}_i)^2 + (V_j - \hat{V}_j)^2 + (P_{ij} - \hat{P}_{ij})^2 + (P_{ji} - \hat{P}_{ji})^2 \qquad (2-56)$$

如果判断结果说明有不良数据，或无可用相容性，则可用有关链支的信息元进行计算。

求出估计值 $\hat{V}_i$，$\hat{V}_j$，$\hat{P}_{ij}$ 和 $\hat{P}_{ji}$ 以后，根据有关潮流方程式（2-52），便可以算出估计值 $\hat{\theta}_{ij}^i$ 和 $\hat{\theta}_{ji}^j$，然后用下式求 $\hat{\theta}_{ij}$ 的估计值：

$$\hat{\theta}_{ij} = \frac{\hat{\theta}_{ij}^i + \hat{\theta}_{ji}^j}{2} \qquad (2-57)$$

无功潮流的估计值便可求得为：

$$\begin{cases} \hat{Q}_{ij} = \dfrac{\hat{V}_i^2}{Z_{ii}}\cos\alpha_{ii} - \dfrac{\hat{V}_i\hat{V}_j}{Z_{ij}}\cos(\hat{\theta}_{ij} - \alpha_{ij}) \\[3mm] \hat{Q}_{ji} = \dfrac{\hat{V}_j^2}{Z_{jj}}\cos\alpha_{jj} - \dfrac{\hat{V}_i\hat{V}_j}{Z_{ji}}\cos(\hat{\theta}_{ji} - \alpha_{ji}) \end{cases} \qquad (2-58)$$

最大信熵树从根开始到尖，包括有多分支的信息元序列。为此，在进行状态信息的判定和参数估计时，可以从根开始，以信息元为单位，向尖分层进行。也就是将最大信熵树的根定为原点，距根有一个信息元的节，定为第一层节，用 $N_{(1)}$ 表示，$N_{(1)}$ 是一些第一层节点的集合。向尖的方向距 $N_{(1)}$ 有一个信息元的节，则为第二层节，用 $N_{(2)}$ 表示。以此类推，直到尖为止，尖也是一些尖点的集合。

# 第三章　分解、分层和等值方法

## 第一节　概　述

现代的电力系统不论是从地域分布，还是从系统结构来看，都是一个大规模的系统，一般都有百条以上的母线和几倍于母线数目的线路。对于这样的大规模系统，要进行实时和及时的分析，由于下述的一些原因，常需要采用一些简化的方法：

第一，在整个大系统中，由于调度工作的需要，只要求着重了解其中的某一部分，而其余部分可以从略。

第二，对整个系统进行分析，在数学手段的理论上和实际使用上，遇到了不能实时完成分析任务的困难。这虽然理论上可能，而实际处理上受到速度、精度和其他方面的限制。

第三，在计算机分析和运行控制上，采用的计算机存储容量和速度，不适宜于对整个系统进行统一处理。

由于上述各种原因，多年来，一直在寻求适用的简化计算和处理方法，这样的方法有等值方法、分解方法和分层方法等。值得注意的是，由于电力系统各发电机间同步反应的互联性，各种简化的方法都有其使用的简化前提条件。特别是从动态和静态的要求来看，简化的原理会有很大的区别。对静态分析适用的方法，不一定适合于动态分析的要求；对动态分析适用的方法，用于静态分析也会不适用。

电力系统本身在结构上就具有使用分解方法进行分析的特点。现在的电力系统在地域上都是分地区发供电，各地区之间只有少数几条联络线相联系。这样就可以使用分解方法，把整个系统的分析问题，按地区分解成几个分区问题。于是求解问题的规模和维数降低，但同时应考虑联络线对各区的相互作用。电力系统结构的另一特点是一个母线所联的线路一般不超过 6~8 条，于是这种网络图形，从结构矩阵上看有很大的稀疏性，也就便于在数学上采用分解的技术。

电力系统的输配电过程，从构成上又是按照分层的方法进行，大容量的超高压线路作为地区输电的骨干线路，把一级枢纽变电站联系起来。一级枢纽变电站将电能降压后，再用高压线路分别输到二级变电站，降压以后，再用配电线路送到三级变电站等。因此，不同等级电压的线路构成网络之间的关系，由变电站的变压器联系。所以，就可以把整个系统的分析问题按层分解成各不同电压级别层的局部问题分别进行处理。在处理时，还要考虑各层间的相互作用。

总的来说，分解方法是把一个大的系统并列地分解为一些分系统，分别进行处理，并考虑它们之间的相互作用。分层的方法则是将一个大的系统分裂为纵向相连的各层系统，纵向的层数由具体情况决定。这样，各层系统便可以分别处理，并考虑到各层间的相互作用。由于用分解或分层方法得到的分系统的维数大为降低，处理起来就简单、方便得多。这两种方法关键的一环是要考虑相互作用，必须要采用协调的数学方法。分解的方法从处理的方法上也可以当成分层的方法，首先分解成分系统并同时进行处理，作为一层；再考虑它们间的相互作用，作为上一层。所以，分解方法也就是一种分层处理的方法。系统的等值方法使用较为普遍，它把原系统中很大的一部分用一简化后的小系统来代替，而保留需要研究的部分，于是等值后的网络就会简单得多，处理就很方便。等值方法从使用的目的来看可以分为：与稳态分析有关的等值方法和与动态过程分析有关的等值方法。

在电力系统运行调度中，已经采用分解分层方法，用于潮流计算、分层计算机调度系统以及最优经济调度。近年来，这种方法也用于状态估计和负荷－频率控制，但是不少工作随着技术发展，还需要作更深入的研究。

随着计算机的普及应用，采用几个微型机构成矩阵网机，应用分解算法求解大规模电力系统的各类问题，已经逐步形成。以前在一个计算机上采用的分解算法所受到的限制，在矩阵网机上都将会得到解决。

# 第二节　分解和分层的数学方法

把整个电力系统分解成几个分系统进行处理，虽然分系统的规模和数学描述的维数比整个系统会大为减少，但需要考虑各个分系统的相互作用（称为协调处理或聚合处理），以等效于整个系统的工作。为此，将系统分解成为分系统的方法，不但应该考虑使各分系统的处理较为简单，而且对所有分系统的协调处理也要尽可能的简单。电力系统分解成分系统在考虑上述因素时，还有两种分解方法。

第一种是将地区系统作为分系统，选定地区间的联络线作为协调的对象，如图 3－1 所示。图中用虚线围成的区域称为互联区，主要是各地区系统间的联络线。如果把各地区系统作为第一层，则互联区可以看成第二层，于是联络线两端的母线称为网络的边界母线或边界节点，它们的工作状态既要满足各地区系统的运行状态，还要满足互联区的运行状态。

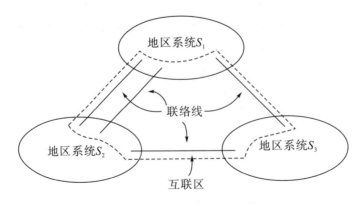

图 3－1　电力系统按地区分解

第二种是将不同电压等级的网络作为分系统，选定网络间的变压器作为协调的对象，如图3-2所示。图中，也用虚线围出互联区，互联区中是不同电压等级网络间的升压和降压变压器。通常，高一级电压的网络很简单，如只有一回 500kV 的输电线路，则可以把这一回线路也纳入互联区。

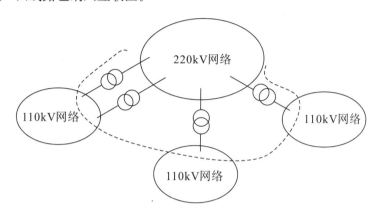

图 3-2 电力系统按电压等级网络分解

不管采用上述的哪一种分解、分层方法，为了便于数学处理，采用下述统一的术语和定义：整个系统简称为系统或总系统，分解出的系统称为分系统。

设总系统 $S$ 分解成为 $n$ 个不重叠的分系统：$S_1$，$S_2$，$\cdots S_n$。令 $B_i$ 表示第 $i$ 个分系统的母线集合，$B_\Sigma$ 表示总系统的母线集合，由于要求分解出的分系统不相重叠，则应有

$$B_i \cap B_j = \varphi(i \neq j, i, j = 1, 2, \cdots, n) \tag{3-1}$$

$$\sum_{i=1}^{n} B_i = B_\Sigma \tag{3-2}$$

式中：$\varphi$ 为空集。

互联区可以看成是一种人为的处理用系统，它的母线集合是各分系统的边界母线的集合。令 $B_i^b$ 为第 $i$ 个分系统的边界母线集合，则互联区的母线集合 $B_0$ 为

$$B_0 = \bigcup_{i=1}^{n} B_i^b \tag{3-3}$$

于是，可以得出第 $i$ 个系统边界母线集合为

$$B_i^b = B_i \cap B_0 \tag{3-4}$$

第 $i$ 个系统内部母线集合为

$$B_i^n = B_i \cap \bar{B}_0 \tag{3-5}$$

式中：$\bar{B}_0$ 为不属于互联区的母线集合。

总系统的运行情况可以用它的状态向量 $\dot{X}_\Sigma$ 来描述和推求。总系统母线数为 $N$，各分系统的母线数为 $N_1$，$N_2$，$\cdots$，$N_n$，则

$$\dot{X}_\Sigma = [V_1, V_2, \cdots, V_N, \theta_1, \cdots, \theta_{N-1}]^T \tag{3-6}$$

且其为 $2N-1$ 维向量。

对于各分系统，也可以用各自的状态向量 $\dot{X}_1$，$\dot{X}_2$，$\cdots$，$\dot{X}_n$ 分别处理各自分系统，

则第 $i$ 个分系统的状态向量 $\dot{\boldsymbol{X}}_i$ 为

$$\dot{\boldsymbol{X}}_i = [V_1^i, V_2^i, \cdots, V_{N_i}^i, \theta_1^i, \cdots \theta_{N_i-1}^i]^T \tag{3-7}$$

对于互联区，若有 $N_0$ 个母线，则它的状态向量 $\dot{\boldsymbol{X}}_0$ 为

$$\dot{\boldsymbol{X}}_0 = [V_1^0, V_2^0, \cdots, V_{N_0}^0, \theta_1^0, \theta_2^0 \cdots \theta_{N_0-1}^0]^T \tag{3-8}$$

通过上面的分析可以看出，用分解方法对系统进行处理时，为了得到各分系统的状态向量，各分系统必须有一个母线作为参考，以决定其余母线的相角。而对总系统来说，则只能有一个参考母线。所以分系统处理完后，进行协调处理时，必须对母线电压的角度进行协调，变换到相对于总系统的参考母线上。

# 第三节　网络分解和矩阵分解

网络的分解方法和矩阵的分解方法，虽然都可以用于大规模电力系统的处理上，但是这两种方法在具体做法上却有着很大的不同。为了阐明这两种方法的应用情况，现在通过一个实例来作分析。图 3-3（a）为一电力系统的结线图，（b）为等效图，并标注有关参数。

首先介绍网络分解方法。把线路 1~4 和 2~3 作为联络线划开，于是整个系统从网络结构来看，就分为两个，再加一个聚合网络，如图 3-3（c）所示。

将电压源 $E_1$ 和 $E_4$ 改变为电流源后，网络的参数作了修改，数值为

$$Y_{10} = Y_1 + Y'_{10} = -j2.0$$
$$Y_{40} = Y_4 + Y'_{40} = -j1.0$$

电源的注入电流为

$$\dot{I}_1 = \dot{E}_1 \cdot Y_1 = -j2.0$$
$$\dot{I}_4 = \dot{E}_4 \cdot Y_4 = -j3.0$$

计算时，把 $\dot{I}_1$ 和 $\dot{I}_4$ 取为基准向量，则分别为 2.0 和 3.0。整个网络分解为系统 Ⅰ 和系统 Ⅱ 后，则分解后的电流 $\dot{\boldsymbol{I}}_F$ 为

$$\dot{\boldsymbol{I}}_F = \begin{bmatrix} \dot{\boldsymbol{I}}_{F\text{Ⅰ}} \\ \dot{\boldsymbol{I}}_{F\text{Ⅱ}} \end{bmatrix} = \begin{bmatrix} 2 \\ 0 \\ - \\ 0 \\ 3 \end{bmatrix} \tag{3-9}$$

实际系统的电流 $\dot{\boldsymbol{I}}_S$ 和分系统电流 $\dot{\boldsymbol{I}}_F$ 间可写出下列关系：

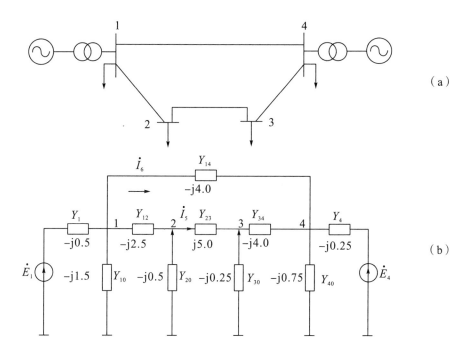

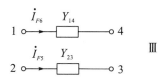

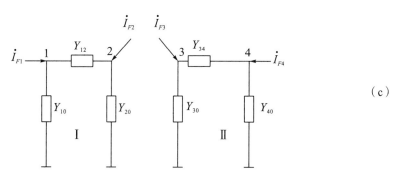

图 3-3　分析用的结线图和等效图

$$\dot{I}_{F1} = \dot{I}_1 + \dot{I}_6$$

$$\dot{I}_{F2} = \dot{I}_2 + \dot{I}_5$$

$$\dot{I}_{F3} = \dot{I}_3 - \dot{I}_5$$

$$\dot{I}_{F4} = \dot{I}_4 - \dot{I}_6$$

$$\dot{I}_{F5} = \dot{I}_5$$

$$\dot{I}_{F6} = \dot{I}_6$$

把上面的关系用矩阵形式表示

$$
\begin{bmatrix} \dot{I}_{F1} \\ \dot{I}_{F2} \\ \dot{I}_{F3} \\ \dot{I}_{F4} \\ \dot{I}_{F5} \\ \dot{I}_{F6} \end{bmatrix} = \begin{bmatrix} 1 & 0 & 0 & 0 & 0 & 1 \\ 0 & 1 & 0 & 0 & 1 & 0 \\ 0 & 0 & 1 & 0 & -1 & 0 \\ 0 & 0 & 0 & 1 & 0 & -1 \\ 0 & 0 & 0 & 0 & 1 & 0 \\ 0 & 0 & 0 & 0 & 0 & 1 \end{bmatrix} \cdot \begin{bmatrix} \dot{I}_1 \\ \dot{I}_2 \\ \dot{I}_3 \\ \dot{I}_4 \\ \dot{I}_5 \\ \dot{I}_6 \end{bmatrix} \tag{3-10}
$$

即

$$
\dot{I}_F = C_{FS} \dot{I}_S \tag{3-10a}
$$

式中：$\dot{I}_F$ 为分系统电流向量；

$\dot{I}_S$ 为实际系统电流向量；

$C_{FS}$ 为分系统和实际系统电流间的关系矩阵。

上述矩阵，对聚合网络Ⅲ分块后，可以简写为

$$
\begin{bmatrix} \dot{I}_{F\mathrm{III}} \\ \dot{i}_{F\mathrm{III}} \end{bmatrix} = \begin{bmatrix} I & C_{\mathrm{III}} \\ 0 & I \end{bmatrix} \cdot \begin{bmatrix} \dot{I}_{\mathrm{III}} \\ \dot{i}_{\mathrm{III}} \end{bmatrix} = C_{FS} \begin{bmatrix} \dot{I}_{\mathrm{III}} \\ \dot{i}_{\mathrm{III}} \end{bmatrix} \tag{3-11}
$$

式中：$C_{\mathrm{III}}$ 为两分系统的电流与实际系统电流的聚合关系矩阵，即

$$
C_{\mathrm{III}} = \begin{bmatrix} 0 & 1 \\ 1 & 0 \\ -1 & 0 \\ 0 & -1 \end{bmatrix} \tag{3-11a}
$$

两分系统的导纳矩阵为

$$
Y_{F\mathrm{III}} = \begin{bmatrix} Y_{F\mathrm{I}} & 0 \\ 0 & Y_{F\mathrm{II}} \end{bmatrix} = \begin{bmatrix} 4.5 & -2.5 & 0 & 0 \\ -2.5 & 3 & 0 & 0 \\ 0 & 0 & 4.25 & -4 \\ 0 & 0 & -4 & 5 \end{bmatrix} \tag{3-12}
$$

聚合网络的导纳矩阵为

$$
Y_{F\mathrm{III}} = \begin{bmatrix} 5 & 0 \\ 0 & 4 \end{bmatrix} \tag{3-13}
$$

两分系统的阻抗矩阵，可以由式（3-12）求逆而得：

$$
Z_{F\mathrm{III}} = \begin{bmatrix} Z_{F\mathrm{I}} & 0 \\ 0 & Z_{F\mathrm{II}} \end{bmatrix} = \begin{bmatrix} Y_{F\mathrm{I}}^{-1} & 0 \\ 0 & Y_{F\mathrm{II}}^{-1} \end{bmatrix}
$$

$$
= \begin{bmatrix} 0.414 & 0.345 & 0 & 0 \\ 0.345 & 0.621 & 0 & 0 \\ 0 & 0 & 0.952 & 0.762 \\ 0 & 0 & 0.762 & 0.809 \end{bmatrix} \tag{3-14}
$$

而聚合网络的阻抗矩阵则为

$$\boldsymbol{Z}_{F\text{III}} = \boldsymbol{Y}_{F\text{III}}^{-1} = \begin{bmatrix} 0.2 & 0 \\ 0 & 0.25 \end{bmatrix} \tag{3-15}$$

根据网络等效的功率不变性原理，可以写出一些重要关系：

$$\dot{\boldsymbol{S}} = \boldsymbol{P} + \mathrm{j}\boldsymbol{Q} = \dot{\boldsymbol{V}}_S^t \dot{\boldsymbol{I}}_S = \dot{\boldsymbol{V}}_F^t \dot{\boldsymbol{I}}_F \tag{3-16}$$

式中：下标 $F$ 代表分系统；

下标 $S$ 代表实际系统。

将式（3－10a）代入上式后，有

$$\dot{\boldsymbol{V}}_S^t \dot{\boldsymbol{I}}_S = \dot{\boldsymbol{V}}_F^t \boldsymbol{C}_{FS}^* \dot{\boldsymbol{I}}_S$$

移项改写以后，有

$$(\dot{\boldsymbol{V}}_F^t \boldsymbol{C}_{FS}^* - \dot{\boldsymbol{V}}_S^t)\dot{\boldsymbol{I}}_S = 0$$

由于 $I_S$ 不为 $0$，必须

$$\dot{\boldsymbol{V}}_F^t \boldsymbol{C}_{FS}^* - \dot{\boldsymbol{V}}_S^t = 0$$

则

$$\dot{\boldsymbol{V}}_S = \boldsymbol{C}_{FS}^* \dot{\boldsymbol{V}}_F \tag{3-17}$$

阻抗矩阵的变换关系可以公式如下用求得

$$\dot{\boldsymbol{V}}_S = \boldsymbol{Z}_S \dot{\boldsymbol{I}}_S = \boldsymbol{C}_{FS}^* \dot{\boldsymbol{V}}_F = \boldsymbol{C}_{FS}^* \boldsymbol{Z}_F \boldsymbol{C}_{FS} \dot{\boldsymbol{I}}_S$$

因而有

$$\boldsymbol{Z}_S = \boldsymbol{C}_{FS}^t{}^* \boldsymbol{Z}_F \boldsymbol{C}_{FS} \tag{3-18}$$

将网络分解以后，矩阵 $\boldsymbol{C}_{FS}$ 的形式便于降为低阶运算，使运算工作量减少，由式（3－11）可得

$$\boldsymbol{Z}_S = \begin{bmatrix} 1 & 0 \\ \boldsymbol{C}_{\text{III}}^* & 1 \end{bmatrix} \cdot \begin{bmatrix} \boldsymbol{Z}_{F\text{III}} & \boldsymbol{0} \\ \boldsymbol{0} & \boldsymbol{Z}_{F\text{III}} \end{bmatrix} \cdot \begin{bmatrix} 1 & \boldsymbol{C}_{\text{III}} \\ 0 & 1 \end{bmatrix}$$

即

$$\boldsymbol{Z}_S = \begin{bmatrix} \boldsymbol{Z}_{F\text{III}} & \boldsymbol{Z}_{F\text{III}} \boldsymbol{C}_{\text{III}} \\ \boldsymbol{C}_{\text{III}}^* \boldsymbol{Z}_{F\text{III}} & \boldsymbol{C}_{\text{III}}^t \boldsymbol{Z}_{F\text{III}} \boldsymbol{C}_{\text{III}} + \boldsymbol{Z}_{F\text{III}} \end{bmatrix} \tag{3-19}$$

代入有关数据进行计算，可得

$$\boldsymbol{Z}_{F\text{III}} \boldsymbol{C}_{\text{III}} = \begin{bmatrix} 0.345 & 0.414 \\ 0.625 & 0.345 \\ -0.952 & -0.762 \\ -0.762 & -0.809 \end{bmatrix} = \boldsymbol{Z}_{S12}$$

和

$$\boldsymbol{C}_{\text{III}}^t \boldsymbol{Z}_{F\text{III}} = \begin{bmatrix} 0.345 & 0.621 & -0.952 & -0.762 \\ 0.415 & 0.345 & -0.762 & -0.809 \end{bmatrix} = \boldsymbol{Z}_{S21}$$

以及

$$C^t_{\text{III}} Z_{F\text{III}} C_{\text{III}} + Z_{F\text{III}} = \begin{bmatrix} 1.573 & 1.107 \\ 1.107 & 1.472 \end{bmatrix} = Z_{S22}$$

由式（3-19），对实际系统（略去下标 S）就可以写出如下方程式：

$$\begin{bmatrix} \dot{V}_{\text{III}} \\ \dot{V}_{\text{III}} \end{bmatrix} = \begin{bmatrix} Z_{S11} & Z_{S12} \\ Z_{S21} & Z_{S22} \end{bmatrix} \cdot \begin{bmatrix} I_{\text{III}} \\ I_{\text{III}} \end{bmatrix} \tag{3-20}$$

上式中的 $Z$ 矩阵各元素都为已知，$\dot{I}_{\text{III}}$ 也为已知，$\dot{V}_{\text{III}} = 0$，因而可以求出

$$(Z_{S11} - Z_{S12} Z_{S22}^{-1} Z_{S21}) \dot{I}_{\text{III}} = \dot{V}_{\text{III}} \tag{3-21}$$

也可以用原符号表示为

$$\dot{V}_{\text{III}} = \{ Z_{F\text{III}} - Z_{F\text{III}} C_{\text{III}} (C^t_{\text{III}} Z_{F\text{III}} C_{\text{III}} + Z_{F\text{III}})^{-1} C^t_{\text{III}} Z_{F\text{III}} \} \dot{I}_{\text{III}} \tag{3-22}$$

代入有关数据后，可以得到各电压值为

$$\begin{bmatrix} V_1 \\ V_2 \\ V_3 \\ V_4 \end{bmatrix} = \begin{bmatrix} 0.296 & 0.235 & 0.231 & 0.235 \\ 0.234 & 0.400 & 0.326 & 0.251 \\ 0.232 & 0.329 & 0.395 & 0.273 \\ 0.235 & 0.251 & 0.277 & 0.337 \end{bmatrix} \cdot \begin{bmatrix} 2 \\ 0 \\ 0 \\ 3 \end{bmatrix} = \begin{bmatrix} 1.297 \\ 1.218 \\ 1.283 \\ 1.481 \end{bmatrix}$$

通过以上网络分解的运算，可以看出，网络分解方法是将一复杂网络简化为多个子网，再考虑聚合作用进行求解。

采用矩阵分解方法，也是把高阶矩阵运算化作几个低阶矩阵运算。图 3-3(b) 的导纳矩阵方程为

$$\dot{I} = \begin{bmatrix} 2 \\ 0 \\ 0 \\ 3 \end{bmatrix} = \begin{bmatrix} 8.5 & -2.5 & 0 & -4 \\ -2.5 & 8 & -5 & 0 \\ 0 & -5 & 9.25 & -4 \\ -4 & 0 & -4 & 9 \end{bmatrix} \cdot \begin{bmatrix} V_1 \\ V_2 \\ V_3 \\ V_4 \end{bmatrix} \tag{3-23}$$

如果把导纳矩阵分为四块，则

$$\dot{I} = \begin{vmatrix} \dot{I}_{\text{I}} \\ \dot{I}_{\text{II}} \end{vmatrix} = \begin{vmatrix} Y_{11} & Y_{12} \\ Y_{21} & Y_{22} \end{vmatrix} \cdot \begin{vmatrix} \dot{V}_{\text{I}} \\ \dot{V}_{\text{II}} \end{vmatrix} \tag{3-24}$$

若用阻抗矩阵表示，有

$$\begin{bmatrix} \dot{V}_{\text{I}} \\ \dot{V}_{\text{II}} \end{bmatrix} = \begin{bmatrix} Z_{11} & Z_{12} \\ Z_{21} & Z_{22} \end{bmatrix} \cdot \begin{bmatrix} \dot{I}_{\text{I}} \\ \dot{I}_{\text{II}} \end{bmatrix} \tag{3-25}$$

展开上式

$$\dot{I}_{\text{I}} = Y_{11} \dot{V}_{\text{I}} + Y_{12} \dot{V}_{\text{II}} \tag{3-26}$$

$$\dot{I}_{\text{II}} = Y_{21} \dot{V}_{\text{I}} + Y_{22} \dot{V}_{\text{II}} \tag{3-27}$$

由上两式可得

$$\dot{V}_{\text{I}} = Y_{11}^{-1} (\dot{I}_{\text{I}} - Y_{12} \dot{V}_{\text{II}})$$

$$\dot{V}_{\text{II}} = Y_{22}^{-1} (\dot{I}_{\text{II}} - Y_{21} \dot{V}_{\text{I}})$$

将上式代入式（3－26）、（3－27）后，有

$$\dot{I}_{I} = Y_{12}Y_{22}^{-1}\dot{I}_{II} + (Y_{11} - Y_{12}Y_{22}^{-1}Y_{21})\dot{V}_{I}$$

所以

$$\dot{V}_{I} = (Y_{11} - Y_{12}Y_{22}^{-1}Y_{21})^{-1} \cdot (\dot{I}_{I} - Y_{12}Y_{22}^{-1}\dot{I}_{II})$$

$$\dot{I}_{II} = Y_{21}Y_{11}^{-1}(\dot{I}_{I} - Y_{12}\dot{V}_{II}) + Y_{22}\dot{V}_{II} = Y_{21}Y_{11}^{-1}\dot{I}_{I} + (Y_{22} - Y_{21}Y_{11}^{-1}Y_{12})\dot{V}_{II}$$

所以

$$\dot{V}_{II} = (Y_{22} - Y_{21}Y_{11}^{-1}Y_{12})^{-1} \cdot (\dot{I}_{II} - Y_{21}Y_{11}^{-1}\dot{I}_{I})$$

将上述公式与式（3－25）对照，则有

$$\begin{cases} Z_{11} = (Y_{11} - Y_{12}Y_{22}^{-1}Y_{21})^{-1} \\ Z_{12} = -(Y_{11} - Y_{12}Y_{22}^{-1}Y_{21})^{-1}Y_{12}Y_{22}^{-1} \\ Z_{21} = (Y_{21}Y_{11}^{-1}Y_{12} - Y_{22})^{-1}Y_{21}Y_{11}^{-1} \\ Z_{22} = (Y_{22} - Y_{21}Y_{11}^{-1}Y_{12})^{-1} \end{cases} \tag{3-28}$$

将式（3－23）的数据，代入（3－28），作分块矩阵运算后，得到

$$Z_{11} = \begin{bmatrix} 0.296 & 0.235 \\ 0.234 & 0.400 \end{bmatrix}$$

$$Z_{12} = \begin{bmatrix} 0.231 & 0.235 \\ 0.326 & 0.251 \end{bmatrix}$$

$$Z_{21} = \begin{bmatrix} 0.232 & 0.329 \\ 0.235 & 0.251 \end{bmatrix}$$

$$Z_{22} = \begin{bmatrix} 0.395 & 0.273 \\ 0.277 & 0.337 \end{bmatrix}$$

同样得到

$$\begin{bmatrix} V_1 \\ V_2 \\ V_3 \\ V_4 \end{bmatrix} = \begin{bmatrix} 0.296 & 0.235 & 0.231 & 0.235 \\ 0.234 & 0.400 & 0.326 & 0.251 \\ 0.232 & 0.329 & 0.395 & 0.273 \\ 0.235 & 0.251 & 0.277 & 0.337 \end{bmatrix} \cdot \begin{bmatrix} 2 \\ 0 \\ 0 \\ 3 \end{bmatrix} = \begin{bmatrix} 1.297 \\ 1.218 \\ 1.283 \\ 1.481 \end{bmatrix}$$

通过上面对网络分解方法和矩阵分解方法的分析和计算可以看出，网络分解方法在运算上也是将矩阵分块进行运算。如果利用网络的特点，如联络线的潮流为计划潮流，作为已知，则式（3－20）中 $I_{III}$ 就为已知，于是式（3－20）可以很容易求解。就不必按式（3－21）和式（3－22）计算。矩阵分解方法在使用上如果导纳矩阵有很大的稀疏性，分块后的不少子块为 0 元素矩阵，如式（3－24）中，$Y_{12}$ 和 $Y_{21}$ 若为 0 元素矩阵，则求解式（3－28）会非常简单，这是利用矩阵的稀疏性而进行分解简化计算。如果没有这些特点，分解方法不一定能获得简化计算的效果，反而会增加算法的复杂性。

# 第四节　系统潮流的并行计算

电力系统的潮流计算，是安全监视、安全分析等计算机实时应用的基础；对于规模

大的系统可以采用多计算机系统来担任这一工作。尤其是在一些联合电力系统，包括有用联络线联系的多分区电力系统，采用多计算机并行处理来进行潮流计算和安全分析，有着许多优点。

图 3-4（a）是一有 $n$ 个分区系统的联合电力系统，各分区系统之间由联络线联系。正如第二节所述，这种系统可以分解成 $n+1$ 个分系统，其中的 $n$ 个系统就是原 $n$ 个分区系统，第 $n+1$ 个分系统则是互联区分系统。进行潮流计算时，如果每一个分系统用一台计算机来处理，见图 3-4（b），各分系统间的聚合处理，则由第 $n+1$ 台计算机担任。

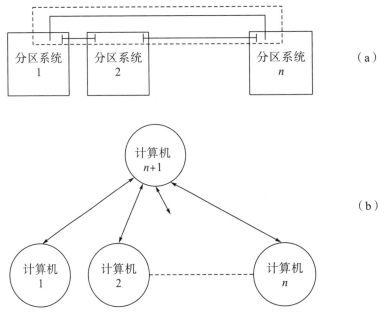

图 3-4　并行处理的分解方法

对每个分区系统来说，可以在安排的计算机上根据式（3-24）的分块方法，建立潮流的计算公式。这样就可以把一个联合电力系统维数很高的矩阵方程分解为 $n$ 个维数很低的各分区系统的矩阵方程，各分区系统的注入电流，由各节点的 $P_i$ 和 $Q_i$，即发电机出力和负荷功率通过下式计算：

$$\dot{I}_i = \frac{P_i - \mathrm{j}Q_i}{\dot{V}_i}, i = 1, 2, \cdots, n \qquad (3-29)$$

用分解处理时，联络线的潮流还未求得。因此，不包括联络线功率，每一分区系统都选一母线作为参考母线进行计算。这样便可在 $n$ 台计算机上同时分别求解 $n$ 个分系统的 $\theta_i^0$ 和 $V_i^0$。

上标"0"表示分别求解未考虑聚合的结果。

联合处理的目的是要求得分区系统间的联络线上的潮流，和各分区系统参考母线间的相位差，设

$$\boldsymbol{\theta}_R = [\theta_{R1}, \theta_{R2}, \cdots \theta_{Rn}]^t \qquad (3-30)$$

为各参考母线对总系统参考母线的相角差向量。$\theta_{R1}$，$\theta_{R2}$，$\cdots$，$\theta_{Rn}$ 为 $n$ 个分区系统参考母线对总参考母线的相角差，其中某一个为 0，则该母线即为总系统的参考母线。

各分区系统在同时求解各自的开路潮流以后，将所得结果中的 $\{\theta_1^0, \theta_2^0, \cdots, \theta_n^0\}$，$\{\dot{V}_1^0, \dot{V}_2^0, \cdots, \dot{V}_n^0\}$ 以及希望与其他区进行交换的功率 $\{P_1', P_2', \cdots, P_n'\}$，$\{Q_1', Q_2', \cdots, Q_n'\}$ 送入聚合处理计算机。在聚合处理计算中，建立有聚合网络的参数矩阵，根据送入的数据算出联络线的功率 $P_t$ 和两端的电压相角 $\theta_t$，考虑母线间相角差 $\boldsymbol{\theta}_R$，设 $\theta_t$ 和 $\boldsymbol{\theta}_R$ 间的关系为

$$\theta_t = \boldsymbol{C}_1^R \cdot \boldsymbol{\theta}_R \tag{3-31}$$

$\theta_t$ 可以由 $\boldsymbol{\theta}^0 = \theta_1^0, \theta_2^0, \cdots, \theta_n^0$ 查找得出，所以为已知。

再根据支路方程计算出：

$$P_t = \frac{V_i V_j}{X_{ij}} \sin \theta_t \tag{3-32}$$

式中：$i$ 和 $j$ 分别为联络线两端节点号。

将算得的 $P_t$ 结果与希望值进行比较，再在分区计算机上进行修正计算。

# 第五节　最优协调原则

系统的最优工作状态也可以用分解方法求得。当系统分解成几个分系统以后，就出现了局部最优和全局最优间的关系问题。这即是各分系统间相互作用怎样影响总系统工作的问题，应用最优协调原则可以处理这类问题。协调原则从原理上看，可以分为两种原则：一种是对模型的协调原则，另一种是对目标的协调原则。

首先来研究对模型的协调原则。为了便于理解，设将系统分解为两个分系统，如图 3-5。理解了这一原则以后，可以应用到多个分系统。总系统的目标函数可以认为是两个系统目标函数之和，即

$$J(\boldsymbol{K}, \boldsymbol{Y}, \boldsymbol{M}) = J_1(\boldsymbol{K}_1, \boldsymbol{Y}_1, \boldsymbol{M}_{12}) + J_2(\boldsymbol{K}_2, \boldsymbol{Y}_2, \boldsymbol{M}_{21}) \tag{3-33}$$

式中：$\boldsymbol{K}$ 为控制变量向量；

$\boldsymbol{K}_1$ 和 $\boldsymbol{K}_2$ 分别为分系统 1 和 2 的控制变量向量；

$\boldsymbol{Y}$ 为输出变量向量；

$\boldsymbol{Y}_1$ 和 $\boldsymbol{Y}_2$ 分别为分系统 1 和 2 的输出变量向量；

$\boldsymbol{M}$ 为相互作用变量向量；

$\boldsymbol{M}_{12}$ 和 $\boldsymbol{M}_{21}$ 分别为分系统 1 和 2 间相互作用变量向量。

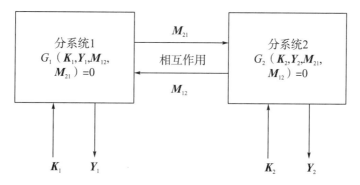

图 3-5　分系统的各变量和相互作用

用分解方法分析和处理这类问题，如求目标函数为极小时，可以分两步进行。第一步先固定相互作用为某一定值，$M=N$，求在约束条件

$$G(K,Y,N)=0 \qquad (3-34)$$

的情况下，目标函数 $J$ 对 $K$ 和 $Y$ 的极小值

$$\min_{K,Y} J(K,Y,N)=H(N) \qquad (3-35)$$

第二步再对 $N$ 求 $H$ 的极小值，即

$$\min H(N)=P \qquad (3-36)$$

上述方法的含义是先定一相互作用的 $N$ 值，选择 $K$ 和 $Y$，使在 $N$ 的情况下 $H$ 最小，再逐步选新的 $N$ 值，使 $H$ 为极小。这种协调原则是在处理过程中，不断修改模型的 $N$ 来进行协调，使全系统接近最优，如图 3-6 所示。

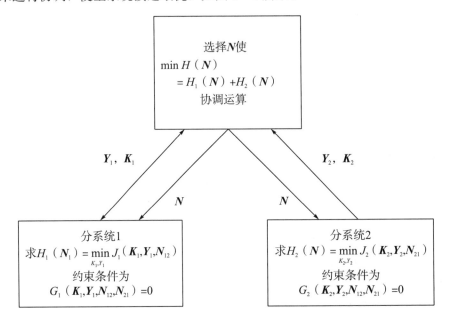

图 3-6　协调方法的算法模型

对目标函数的协调原则与上述方法不同，现在仍以分解为两个分系统的情况来加以分析。图 3-7 所示为将总系统分解成两个分系统，并将分系统间的相互作用断开，于是就出现

$$M_1 \neq N_1$$

$$M_2 \neq N_2$$

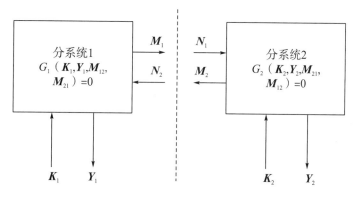

图 3-7 系统分解断开相互作用

在求解问题时，则应使相互作用的变量相等，即应使

$$M_1 = N_1$$

和

$$M_2 = N_2$$

在这种情况下，目标函数为最优，为了体现这种要求，可以在目标函数中加入一罚函数项如下：

$$J(\boldsymbol{K},\boldsymbol{Y},\boldsymbol{M},\boldsymbol{N},\boldsymbol{\lambda}) = J_1(\boldsymbol{K}_1,\boldsymbol{Y}_1,\boldsymbol{M}_1) + J_2(\boldsymbol{K}_2,\boldsymbol{Y}_2,\boldsymbol{M}_2) + \boldsymbol{\lambda}^{\mathrm{T}}(\boldsymbol{M}-\boldsymbol{N}) \quad (3-37)$$

式中：$\boldsymbol{\lambda}$ 为一罚函数向量，根据需要可以取正值或负值，以体现相互作用不相等的影响。把罚函数展开为

$$\boldsymbol{\lambda}^{\mathrm{T}}(\boldsymbol{M}-\boldsymbol{N}) = \boldsymbol{\lambda}_1^{\mathrm{T}}(\boldsymbol{M}_1 - \boldsymbol{N}_1) + \boldsymbol{\lambda}_2^{\mathrm{T}}(\boldsymbol{M}_2 - \boldsymbol{N}_2) \quad (3-38)$$

可以画出图 3-8 的算法模型。

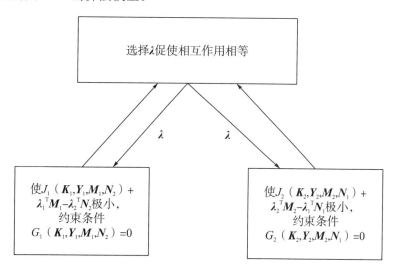

图 3-8 用罚函数的协调方法

由图 3-6 和图 3-8 可以看出，上述两种分解法的最优协调原则都是分两步进行。为了获得满意的结果，有时要分两步进行几次迭代计算。这两种方法在选择采用时，根据计算的简单程度来决定，即以对模型协调或对目标协调两者比较之下哪种计算简单来决定。

# 第六节　稳态分析的等值方法

近年来，以潮流分析为基础的等值方法，愈来愈多地受到注意，这主要是由于电力系统规模愈来愈大，不但在设计时应该把系统中某些已经建成和特性已掌握的部分作等值简化，以便着重分析研究待设计的部分，而且在调度实时计算时，安全分析和监视这一重要的内容也是分地区系统进行的。外部系统送来的遥测数据有限，因此就必须把外部系统简化等值，才能进行实时分析。与潮流分析有关的等值方法是一种稳态的简化等值方法，是在一定的稳态情况下，把外部系统用一简化的网络来代替，而使内部系统保持不变。这种等值方法在原理上来看，可以分为两大类：第一类是以应用矩阵消去法为数学依据来求得等值网络，第二类是以应用网络变换的原理为依据来求得等值网络。

图 3-9 表示电力系统等值的情况。将系统分为两大部分：一部分称为内部系统，采用各种完全的潮流计算模型；它的一些边界母线联结到要用等值网络表示的系统的另一部分，称为外部系统。尽管在实际上外部系统的规模比内部系统大，如母线和线路都比内部系统多，但是外部系统仍然可以作简化等值，求得一个等值网络。外部等值网络和内部系统在边界母线处相连。

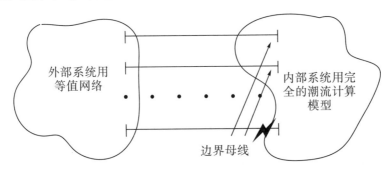

图 3-9　电力系统的等值

一个外部系统用不同的方法，可以得到不同的等值网络，所以外部的等值网络不会是唯一的，但是任一等值网络都应满足下列条件：

第一，对内部系统的影响在换成等值网络后，内部系统的运行参数与接上外部系统时前后相差应在要求的范围内。

第二，等值网络接上内部系统以后，在数学表达上应该一致，并且要能用统一的数学方法求解带内部系统的总系统。

由此可见，用了简化等值方法以后，系统的分析工作将变得简单，可以节省计算机的内存容量和缩短计算机的计算时间。

用矩阵消去法为依据的等值方法是经常用到的一类方法。如果总系统的潮流分析表示为

$$AX = F \tag{3-39}$$

式中：$A$ 是网络参数矩阵，根据潮流计算的不同方法，矩阵 $A$ 可以是导纳矩阵 $Y$，也可以是矩阵 $B$ 等。

$X$ 是运行变量向量，如果矩阵 $A$ 用作导纳矩阵时，向量 $X$ 则是节点电压向量 $\dot{V}$。如果矩阵 $A$ 用作 $B$ 矩阵时，则 $X$ 矩阵为母线电压的角度向量 $\boldsymbol{\theta}$。

$F$ 为系统的常参数向量，可以是注入电流量 $\dot{I}$，也可以是母线的有功功率向量 $P$ 等。

将矩阵方程式（3－39）按照内部系统和外部系统分块，并进行消去运算，如图3－10所示。通过消去运算使方块矩阵 $A_{IE}$ 的各元素消去为 0，于是可见

$$A'_{II}X_I = F'_I \qquad (3-40)$$

而

$$A'_{II} - A_{II} = A_{DD} \qquad (3-41)$$

式中：$A_{DD}$ 为外部系统的等值部分。

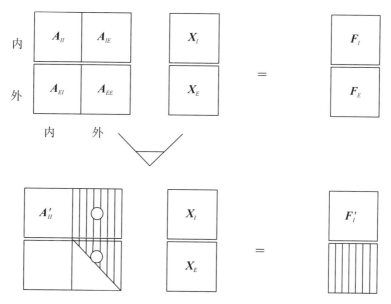

图3－10 矩阵方程的消去运算

分析图3－10，为了完成消去运算，就要解下列两矩阵方程：

$$A_{II}X_I + A_{IE}X_E = F_I$$
$$A_{EI}X_I + A_{EE}X_E = F_E$$

由第二式，找出 $X_E$ 的表达式为

$$X_E = -A_{EE}^{-1}A_{EI}X_I + A_{EE}^{-1}F_E$$

代入第一式得

$$(A_{II} - A_{IE}A_{EE}^{-1}A_{EI})X_I = F_I - A_{IE}A_{EE}^{-1}F_E \qquad (3-42)$$

从上式可见，外部系统作等值时，要把外部系统的常参数向量改写作 0，即可以把注入电流等效为阻抗移入左端 $A$ 矩阵的有关元素中，则因 $F_E = 0$，式（3－42）变为

$$A'_{II}X_I = F'_I \qquad (3-43)$$

式中：$A'_{II} = A_{II} - A_{IE}A_{EE}^{-1}A_{EI}$，则外部系统的等值只改变 $A_{II}$ 矩阵，而不改变 $F_I$，即不改变内部系统的常参数向量。

作为等值消去运算的基本方程式（3-39），可以选取不同的模型，因而等值的结果也就不同，现在可以采用以下几种模型：

（1）导纳矩阵方程作为简化等值的基本方程，即有

$$Y\dot{V} = \dot{I}$$

进行等值消去以后，变为

$$(Y_{II} - Y_{IE}Y_{EE}^{-1}Y_{EI})\dot{V}_I = \dot{I}_F - Y_{IE}Y_{EE}^{-1}\dot{I}_E \qquad (3-44)$$

分析上式可见，将外部系统等值以后，相当于在内部系统各母线间增加了导纳值，原来母线间没有线路联结。等值以后，相当于有了新的支路。而且，在母线的原来注入电流的基础上增加了新的注入电流，如图 3-11 所示。

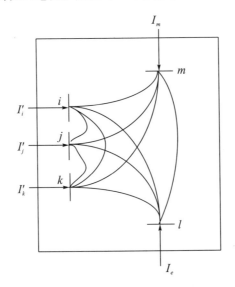

图 3-11　等值后的效果

（2）分解方法的简化等值方程式（3-44）是一复数方程，有时使用不大方便，而在一般系统中都采用分解法计算潮流，所以也可以用分解方法将外部系统进行等值，由分解方法可以写出如下的等值消去的基本方程为

$$\begin{cases} B_{\theta}\theta = \Delta P \\ B_v V = \dfrac{\Delta Q}{V} \end{cases} \qquad (3-45)$$

用上述方程，可以把不需要的外部系统的母线消去，得到等值后的内部系统方程。需要说明的是，式（3-45）中的矩阵 $B_{\theta}$ 和 $B_v$，与实际的网络已不完全对应，尤其是无功功率方程的 $B_v$，与实际网络有很大的不同。因此等值以后，不完全能反应外部系统无功变化的影响，为了弥补这一点，可以对 $B_v$ 作进一步修改。

用矩阵消去的等值方法的优点是只要基本方程式（3-39）决定以后，外部系统的等值便因之而定，有严格的数学依据。这种等值的一个主要问题是等值的网络，相当于

并在内部系统的各母线间，外部系统结构和负荷改变以后，内部系统的 $A'_{II}$ 和 $F'_I$ 各元素都需要变化。所以调度实时使用就有不少困难，为了克服这一点，通常选二阈值，在 $(A_{II} - A_{IE}A_{EE}^{-1}A_{EI})$ 和 $F_I - A_{IE}A_{EE}^{-1}F_E$ 中，使 $A_{IE}A_{EE}^{-1}A_{EI}$ 和 $A_{IE}A_{EE}^{-1}F_E$ 两矩阵内凡是小于阈值的元素都作为 0，以减少等值关联的复杂程度。

另一类等值方法是根据网络变换的原理。一般说来，利用 $\triangle-Y$ 变换和有关负荷移值的方法，可以把一个复杂的网络简化，但是这种方法用于大规模的电力系统，实现起来有很大困难。所以，现在使用的网络变换，都给以一定的前提条件，采用直接将网络变换为较简单的网络。用得最多的等值网络称为 REI 等值网络，如图 3-12 所示。由外部系统流入边界母线的功率分别为 $\dot{S}_1$，$\dot{S}_2$，…，$\dot{S}_n$，则总功率为

$$\dot{S}_R = \sum_{i=1}^{n} \dot{S}_i \tag{3-46}$$

用电流表示时，则有

$$\dot{I}_R = \sum_{i=1}^{n} \dot{I}_i \tag{3-47}$$

若把电压 $V_G$ 当作 0 时，则有

$$\dot{V}_R = \frac{\dot{S}_R}{\dot{I}_R} \tag{3-48}$$

$$Y_R = \frac{S_R^*}{|\dot{V}_R|^2} \tag{3-49}$$

和

$$Y_i = \frac{-S_i^*}{|\dot{V}_i|^2} \tag{3-50}$$

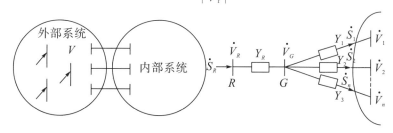

图 3-12 REI 等值网络的构成

REI 等值网络是一无损网络，用这种原理性的等值网络代替外部系统，不一定能得到满意结果，因为有时候等值网络的电压 $V_R$ 计算出的幅值会很低。如

(1) 当 $V_1 = 1.0$，$V_2 = 1.0$，$V_3 = 1.0$，对各种 $S_i$，$V_R = 1.0$。

(2) 当 $V_1 = 0.95$，$V_2 = 1.0$，$V_3 = 1.0$，$S_1 = 5.0$，$S_2 = -2.0$，$S_3 = -1.0$，则 $V_R = 0.88$。

(3) 当 $V_1 = 0.95$，$V_2 = 1.0$，$V_3 = 1.0$，$S_1 = 50.0$，$S_2 = -40.0$，$S_3 = -5.0$，则 $V_R = 0.655$。

为了克服上述问题，在实际应用上可以作各种改进，已经采用的一种改进是双 REI 等值网络，如图 3-13 所示。这是将外部系统的发电机和负荷分别等效接在两个母线 F

和 $L$ 上。母线 $F$ 和 $L$ 分别用辐射形等值与内部系统的边界母线联结。每一个 REI 等值网络与图 3-12 比较，没有母线 $G$，这可以在图 3-12 的基础上，消去母线 $G$，则可以得到图 3-13 的等值网络。知道母线参数以后，就可以利用潮流计算的方法，算出电压 $V_F$ 和 $V_L$ 的大小和相角。

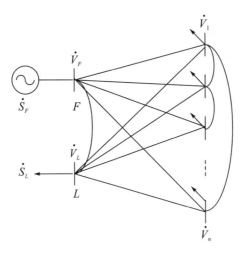

**图 3-13　双 REI 等值网络**

最后，总结求等值网络的步骤为如下：

（1）根据系统的相应负荷运行情况，作一基本潮流计算。

（2）划出几个需要用等值网络替代的分区系统。

（3）选定计算等值网络的方法，决定有关参数。

（4）检验边界母线功率是否与实际相符，若差别太大，对等值网络的参数作适当调整。

# 第七节　暂态分析的等值方法

分析计算电力系统的暂态情况，在设计和运行中都是经常遇到的计算任务。调度工作中为了能够对多种可能情况进行比较，如要进行电网的动态安全分析，就要求把电力系统中的一部分用等值网络来代替，以加快计算速度。计算暂态情况有好几种等值方法：

第一种是等电气距离法，即把距离短路点在电气距离上大致相同的多个发电机合并起来，用一等值电源来代替。等值导纳为

$$Y_D = \sum_i Y_i \qquad (3-51)$$

等值电势为

$$E_D = \sum_i \frac{Y_i}{Y_D} E_i \qquad (3-52)$$

等值惯性常数为

$$M_D = \sum_i \frac{S_i}{S_\Sigma} M_i \qquad (3-53)$$

这种方法在实际应用上已经得到了较普遍的采用，而且在一般情况下，可以获得满意的结果。等电气距离法实际上是判断各电机在暂态过程中的摇摆情况是否大致为同步调。另外，还有用其他判据来判断发电机间的同调，而将同调的电机合并。

第二种方法是外部系统等值法。这种方法现在愈来愈得到重视，因为用联络线把地区系统联结以后，某一地区系统在计算暂态情况时，需要把其他地区电力系统用等值简化。图 3—14 表示了外部系统和内部系统的联结情况，外部系统如有 $m$ 个发电厂，分别用 $G_1$，$G_2$，…，$G_m$ 来代替，外部系统与内部系统通过联结线与边界母线 $B_1$，$B_2$，…，$B_n$ 相联结，求外部系统暂态等值的方法，分如下几步进行：

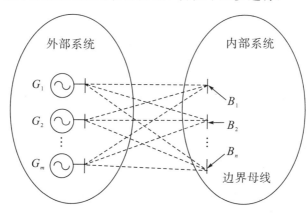

**图 3—14  暂态过程中外部系统的等值**

（1）分析外部系统中各发电机组对内部系统暂态过程的灵敏度，决定保留情况。

（2）简化等值网络，并计算参数。

（3）特殊情况的考虑。

首先，分析外部系统中各发电机组的灵敏度，需要写出各发电机和边界母线的功率方程式：

$$\begin{cases} P_i = \sum_j \dfrac{V_i V_j}{Z_{ij}} \sin(\theta_{ij} - \alpha_{ij}) \\ Q_i = \sum_j \left[ \dfrac{V_i^2}{Z_{ij}} \cos \alpha_{ij} - \dfrac{V_i V_j}{Z_{ij}} \cos(\theta_{ij} - \alpha_{ij}) \right] \end{cases} \qquad (3-54)$$

式中：当 $i$，$j=1$，2，…，$m$，$V_i$，$V_j$ 取为发电机的计算电势 $E_i$ 和 $E_j$。

当 $i$，$j=m+1$，$m+2$，…，$m+n$，$V_i$，$V_j$ 取为边界母线的电压 $V_i$ 和 $V_j$。

$Z_{ij}$ 为母线 $i$ 和 $j$ 间的转移阻抗。如 $i=j$ 时，则为母线 $i$ 的输入阻抗。

根据式（3—54），第 $K$ 个发电机对第 $l$ 个边界母线的灵敏度可以表示为

$$\begin{cases} P_K^l = \dfrac{\partial P_l}{\partial \theta_K} \\ Q_K^l = \dfrac{\partial Q_l}{\partial \theta_K} \end{cases}, l = m+1, m+2, \cdots, m+n, K = 1, 2, \cdots, m \qquad (3-55)$$

于是第 $K$ 个发电机组对内部系统的灵敏系数 $S_K$ 可以定义为

$$S_K = \sum_{l=m+1}^{m+n} \left[ (P_K^l)^2 + (Q_K^l)^2 \right] \quad K = 1, 2, \cdots, m \qquad (3-56)$$

把灵敏系数较大的发电机组保留，灵敏系数小的发电机组因对内部系统影响很小，可以与负荷功率平衡后取消，对于灵敏系数大致相同的一些发电机组则可以合并。

在作网络简化时，必须保证边界母线向内部系统的潮流不变。对于负荷，在远离边界母线外，可以当作常数，因而可以当作恒定阻抗来代替，接近边界母线的负荷也可以保留，并考虑负荷的动态特性为

$$\begin{cases} P_L = a_1 V_L^{a_2} \\ Q_L = b_1 V_L^{b_2} \end{cases}$$

式中：$a_2 = b_2 = 0$ 为恒定功率的负荷；

$a_2 = b_2 = 1$ 为恒定电流的负荷；

$a_2 = b_2 = 2$ 为恒定阻抗的负荷。

# 第八节 联络线的特性和控制

电力系统的发展，是逐步用联络线把由一个地区或一个省的发电厂和负荷组成的电网联结起来；然后进一步发展，又用联络线把各大区或各省的电网联结起来。这样可以提高供电的可靠性和运行的经济性，而且可以减少备用容量，并增加应付紧急情况的能力，但是另一方面，却使电力系统调度控制问题进一步复杂化。电力系统在运行过程中，有两类基本控制问题，一类是电压控制问题，另一类是频率控制问题，这两类基本的控制，都是为了保证系统的电压和频率在运行要求的范围内。电力系统规模较小时，只需在各发电厂装设电压调节器和转速及频率调节器，就可以基本满足要求。因此，现在发电厂都安装了各种类型的这两种调节器，但是系统扩大并且用联络线把地区或省的系统联结起来以后，就出现了一些新的控制问题。

为了把基本概念弄清楚，先从 $A$ 和 $B$ 两个系统用联络线联结的情况来分析。如图 3-15 所示。当 $A$ 系统负荷突然增加以后，首先 $A$ 系统的频率要开始下降，也就是系统中的旋转机组的转速下降，于是增加的负荷则由转动部分和动能来提供。因 $A$ 系统的频率开始下降，则联络线两端的相角加大；如果原来就是由 $B$ 系统向 $A$ 系统送电，则此时联络线的送电量就要增加。$B$ 系统因多向 $A$ 系统送电，因此，$B$ 系统的频率也跟着下降。两个系统的调速器都反应了转速和频率的偏差，开始动作，于是联合的电力系统又运行在一个新的公共频率和负荷水平上。

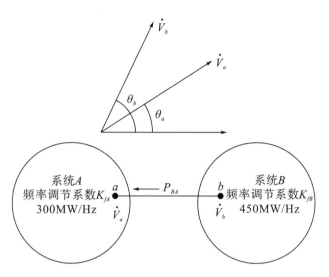

图 3−15　**联络线的作用**

设系统 $A$ 和 $B$ 在负荷未增加的情况下，联络线的运行方程式为

$$P_{BA} = Y_t V_b V_a \sin(\theta_b - \theta_a) \triangleq P_{tm} \sin(\theta_b - \theta_a) \qquad (3-57)$$

式中：$P_{tm} = Y_t V_b V_a$ 为联络线路功率特性的最大值。

当系统 $A$ 负荷突然增加 $\Delta P_A$ 以后，频率下降，使电压 $V_a$ 的相角变化 $-\Delta\theta_a$，于是联络线上功率增加为

$$\Delta P_t = \frac{\mathrm{d}P_{BA}}{\mathrm{d}\theta_a}\Delta\theta_a = -P_{tm}\cos(\theta_b - \theta_a) \cdot \Delta\theta_a \qquad (3-58)$$

$\Delta\theta_a$ 加大的情况与系统 $A$ 的频率 $f_a$ 下降的情况有关，$f_a$ 的下降则由系统 $A$ 的负荷频率特性所决定。系统的负荷频率特性，在静态运行情况下，可用负荷的频率调节系数 $K_f$ 来表示。

$$K_f = -\frac{\Delta P}{\Delta f} \qquad (3-59)$$

式中：$\Delta P$ 为负荷变化量；

$\Delta f$ 为负荷变化 $\Delta P$ 时，对应的频率变化量。

如系统 $A$ 为 3 000MW 的容量，频率调节系数为

$$K_{fA} = 300\mathrm{MW/Hz}$$

系统负荷变化 15MW 时，则由式（3−59）可知频率变化

$$\Delta f = -\frac{\Delta P}{K_{fA}} = -\frac{15}{300} = -0.05\mathrm{Hz}$$

这说明当负荷增加 15MW 时，频率下降 0.05Hz。但是，还未下降到 0.05Hz，电压向量 $V_a$ 的相角 $\theta_a$ 减少。由式（3−58），联络线上的功率增加量为 $\Delta P_t$，送往系统 $A$ 的功率增加以后，频率便可以不再继续下降。系统 $B$ 因多向系统 $A$ 送功率 $\Delta P_t$，频率也要下降。如果是要求两个系统最后频率相等，则两个系统的频率变化最后也需相等，可取

$$-\frac{(\Delta P_A - \Delta P_t)}{K_{fA}} = \Delta f = -\frac{\Delta P_t}{K_{fB}} \qquad (3-60)$$

因而有

$$\Delta P_t = \frac{K_{fB}}{K_{fA} + K_{fB}} \Delta P_A \qquad (3-61)$$

电压向量 $V_a$ 的相角变化为

$$\Delta \theta_a = 2\pi \int \Delta f_A \mathrm{d}t \qquad (3-62)$$

值得注意的是，系统 $B$ 频率变化以后，电压向量 $V_B$ 的相角也要变化，因此，参照式（3-58），则有

$$\Delta P_t = p_{tm} \cos(\theta_b - \theta_a) \cdot (\Delta \theta_b - \Delta \theta_a) \qquad (3-63)$$

这里也有

$$\Delta \theta_b = 2\pi \int \Delta f_B \mathrm{d}t \qquad (3-64)$$

电力系统在用联络线互联以后，关于各分区系统频率的调节，必须在原有调速－调频器的基础上，再考虑联络线输送功率的要求。当一个分区系统和其他几个分区系统都有联络线联系时，则整个系统的频率－有功功率调节会显得更为复杂。设有一分区系统 $r$ 与相邻的 $n$ 个分区系统用联络线相连，则系统 $r$ 的运行情况可能有三种：一是全部向其他分区系统送电；二是全部接受其他分区系统送电；三是转送功率，即从某些分区系统接受功率，并转送给其他系统，通常设输出功率为正。则第 $r$ 个分区系统联络线总功率 $P_{tr}$ 为

$$P_{tr} = \sum_{\substack{i=1 \\ i \neq r}}^{n} P_{tri} \qquad (3-65)$$

式中：$P_{tri}$ 为第 $r$ 个分区系统与第 $i$ 个分区系统联络线的功率。

$$P_{tri} = \frac{V_r V_i}{X_{ri}} \sin(\theta_r - \theta_i)$$

同理可得

$$\Delta P_{tri} = \frac{V_r V_i}{X_{ri}} \cos(\theta_r - \theta_i)(\Delta \theta_r - \Delta \theta_i)$$

设

$$P_{tm}^{ri} = \frac{V_r V_i}{X_{ri}}$$

及

$$S_{tri} = P_{tm}^{ri} \cos(\theta_r - \theta_i)$$

则

$$\Delta P_{tri} = P_{tm}^{ri} \cos(\theta_r - \theta_i)\left(\int \Delta f_r \mathrm{d}t - \int \Delta f_i \mathrm{d}t\right)$$

$$= S_{tri}\left(\int \Delta f_r \mathrm{d}t - \int \Delta f_i \mathrm{d}t\right)$$

把上式写成拉氏变换式

$$\Delta P_{tri}(s) = \frac{S_{tri}}{s}\left[\Delta f_r(s) - \Delta f_i(s)\right]$$

由式（3-65）可得 $\Delta P_{tr}$ 的增量

$$\Delta P_{tr}(s) = \frac{1}{s}\sum_{r}^{n} S_{tri}\left[\Delta f_r(s) - \Delta f_i(s)\right] \tag{3-66}$$

根据式（3-66）的联络线控制方式如图 3-16 所示。

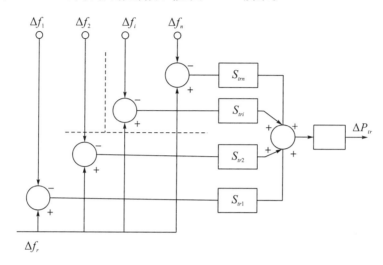

**图 3-16　联络线的控制方式**

各分系统的功率需要量，在最后稳态时则应满足

$$\Delta P_i = \Delta P_{ti} + K_{fi}\Delta f_i \quad (i=1,2,\cdots,r,\cdots,n) \tag{3-67}$$

# 第九节　自动发电控制

电力系统的频率和有功功率的调度控制，是电力系统运行调度的主要任务之一。它的作用是完成已给定的发电厂和电力系统总体的日功率曲线和与其他系统联络线的日交换功率曲线。这些曲线都是根据预测的负荷曲线和各电厂的优化工作容量预先制定的。由于实测的负荷曲线和预测曲线不可能完全相同，因而出现了发电厂出力和负荷间的不平衡偏差，这也就导致了系统运行时的频率偏离额定值 $50\ \text{Hz}$。

频率是电力系统电能质量的一项重要指标，国家规定了在运行过程中频率偏离额定值的限值和偏离的时间积分限值。为了完成频率质量的指标，使发电厂的发电出力和负荷保持过程平衡，早在没有使用以计算机为基础的调度自动化系统时，国外和国内就曾采用过各种类型的自动控制装置，最早使用模拟式的自动装置，其后又使用数字式的自动装置。

当负责系统调频任务的调度控制中心使用调度自动化系统以后，自动发电控制的任务就可以由调度主机来完成，也可以用分布式结构的某一台计算机来完成，根据具体使用情况决定。

### 1. 自动发电控制

自动发电控制的组成结构如图 3-17 所示。自动发电控制又称为 AGC（Automatic Generation Control），它的中心部分由三部分组成：

（1）LFM 为系统的潮流－频率监视。这是根据厂站远程终端 RTU 送到调度中心来的运行参数信息，存在输入缓冲区 BI 中的实时数据，分析系统频率偏离和发电潮流的情况。

（2）LFC 为有关出力和频率控制的分析与计算。它既要考虑系统运行的经济性，也要考虑运行的可靠性。

（3）COA 为频率控制的主控厂和协调厂间的功率协调分析与计算。

AO 为 AGC 的分析结果的处理和输出控制信号的组装，然后送给输出缓冲区 BO，以便向有关厂站发送。

TJ 为 AGC 的经济技术效益和经济价值的统计分析，以便做经济核算。分析结果可以在显示器上显示，也可以文件方式存入磁盘 F。

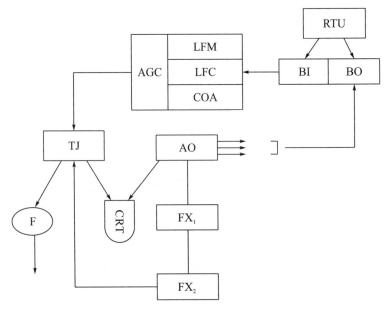

图 3-17　自动发电控制结构组成

### 2. 在调度主机上的经济计算

自动发电控制的实现应该考虑到电力系统运行的经济性。当系统发电容量有充裕时，必须要在经济调度的基础上来实现 AGC 的控制过程。在调度主机上的经济计算分为如下几种：

（1）每 5 分钟计算一次，简称为 5M ELD；

（2）每 30 分钟计算一次，简称为 30M ELD；

（3）每 1 小时计算一次，简称为 1H ELD。

为此，执行自动发电控制的计算机，需要承担频繁的经济调度计算。

我国电力系统兴建的一些大、中型水电厂和火电厂都有独立进行经济核算的要求，因此 AGC 的实现过程有一经济价值和效益的负担和分摊问题。所以，也应进行这一经济价值和效益的计算和统计工作 $FX_1$ 和 $FX_2$，以便为经济分析和实施提供数据和依据。

# 第四章  电力系统的状态
# 估计和可观测性

## 第一节  概  述

电力系统调度中心的调度主机，将各厂站终端送来的状态信息，经过预处理后成为可用的信息和数据，常用来进行安全监视的工作。这种可用数据由于调度自动化系统各厂站信息的采集不是同时的，因而这些数据是不相容性的数据。所谓数据的不相容性，是指这些数据代入电网的导纳矩阵方程，等式常不能满足，而存在一定的偏差。所以，这些数据必须经过安全分析、经济调度等电网运行方程进行计算，并将计算得到的数据进行相容性处理，得到相容数据后，才能使用。

相容性处理的方法有许多种，在第二章中介绍的调度信息的组织和判定可以得到相容性数据。此外，长期以来，相容性的处理基于典型的全系统整网状态估计技术，这种方法遇到的变量很多，方程求解的维数太高，要在用计算机的调度主机上采用，很难达到实时的要求，以致使用以此为基础的其他安全分析和经济运行的计算，不能实时得到可用的基础数据。

为了提高状态估计计算的速度，采用分解和分层的方法有着实际应用的价值。这可以使用多种不同的方法，如使用 $P$-$Q$ 分解法，或从网络结构上进行分块分解计算，这样将一组维数很高的方程求解，简化为多组低维数的方程求解。特别是使用分层求解方法，逐层进行估计计算，具有许多实用上的优点。

在进行状态数据相容性处理工作中，要重视电力系统可观测性的分析。电力系统可观测性是研究、设计和使用调度自动化系统的一个很重要的指标，为提高调度自动化系统的技术经济性能，必须以可观测性作为衡量和比较的依据。

## 第二节  静态的状态估计原理

电力系统运行参数的状态估计是实时应用计算机的程序之一。用来把遥测数据、网络的结构信息，通过计算处理，得到系统的基本状态变量，即节点电压的大小和角度的估计值。由于遥测数据在测量和传送时，会引起随机误差，甚至出现个别错误数据，也由于表示网络结构的开关状态信息的错误等，基本状态变量的估计值只能尽可能地接近实际值。实现这种状态估计有好几种方法，最早研究和使用的是加权最小二乘法的全网解法。

设系统有 $n$ 个节点，则网络的基本状态变量为各个节点的电压值 $V_i$ 和角度 $\theta_i$，即有

$$X = \{V, \theta\} \qquad (4-1)$$

而

$$V = \{V_i \mid i \in (1, 2, \cdots, n) = [n]\} \qquad (4-2)$$

和

$$\theta = \{\theta_i \mid i \in (1, 2, \cdots, n-1) = [n-1]\} \qquad (4-3)$$

由于节点电压的角度应取一个节点，如第 $n$ 个节点的角度为基准，所以角度值只有 $n-1$ 个，于是总的状态变量数为 $2n-1$。实际上，节点电压的大小可以由遥测而得，但是迄今为止，还没有方便的方法测量电压的角度；所以需要使用另外一些测量值，如线路的潮流、节点的注入功率的遥测值，用来作为估计计算的参变量。线路的潮流与状态变量间的关系为

$$P_{ij} = \frac{V_i^2}{Z_{ii}} \sin \alpha_{ii} + \frac{V_i V_j}{Z_{ij}} \sin(\theta_i - \theta_j - \alpha_{ij}) \qquad (4-4)$$

和

$$Q_{ij} = \frac{V_i^2}{Z_{ii}} \cos \alpha_{ii} - \frac{V_i V_j}{Z_{ij}} \cos(\theta_i - \theta_j - \alpha_{ij}) \qquad (4-5)$$

式中：$\alpha_{ij} = 90° - \tan \dfrac{R_{ij}}{X_{ij}}$；

$Z_{ij} = \sqrt{R_{ij}^2 + X_{ij}^2}$；

$R_{ij}$ 和 $X_{ij}$ 分别为节点 $i$ 和 $j$ 间的电阻和电感抗。

节点 $i$ 的注入功率和状态变量间的关系式为

$$P_i = \sum_j C_{ij} \left[ \frac{V_i^2}{Z_{ii}} \sin \alpha_{ii} + \frac{V_i V_j}{Z_{ij}} \sin(\theta_i - \theta_j - \alpha_{ij}) \right] \qquad (4-6)$$

和

$$Q_i = \sum_j C_{ij} \left[ \frac{V_i^2}{Z_{ii}} \cos \alpha_{ii} - \frac{V_i V_j}{Z_{ij}} \cos(\theta_i - \theta_j - \alpha_{ij}) \right] \qquad (4-7)$$

式中：$C_{ij} = 1$，节点 $i$ 和 $j$ 间有线路联结；$C_{ij} = 0$，节点 $i$ 和 $j$ 间无线路联结。

当系统的网络结构已知时，用已得的量测值 $P_{ij}$，$Q_{ij}$，$V_{i,j}$ 和 $P_i$，$Q_i$，可以写出与状态变量估计值 $(\hat{V}, \hat{\theta})$ 间的一般通式为

$$Z = h(\hat{X}) + \boldsymbol{\omega} \qquad (4-8)$$

式中：$Z = \{V_1, V_2, \cdots, V_n, P_1, P_2, \cdots, P_n, Q_1, Q_2, \cdots, Q_n, \cdots, P_{ij}, \cdots, Q_{ij}\}$；

$\hat{X} = \{\hat{V}_1, \hat{V}_2, \cdots, \hat{V}_n, \hat{\theta}_1, \hat{\theta}_2, \cdots, \hat{\theta}_{n-1}\}$；

$\boldsymbol{\omega}$ 为一随机向量，为具有已知统计特性的测量误差。

待求的状态变量估计值的个数为 $2n-1$，所以式（4-8）只要有 $2n-1$ 个方程，就

能求解。但是为了减少因 $\boldsymbol{\omega}$ 而引起的随机误差的影响，通常采用方程式的数目要多于未知量的方法来处理。因此式（4－8）的方程个数取为 $m$，且

$$m = \gamma(2n-1) \qquad (4-9)$$

$\gamma$ 称为冗余度，一般取为 $1.5\sim2.5$。

由式（4－4）～式（4－7）可知，式（4－8）为一非线性联立方程组，且方程式的个数多于未知数的个数，可以采用加权最小二乘法来求解。

通常假设误差 $\boldsymbol{\omega}$ 为高斯型，它的平均值或期望值为

$$\begin{cases} E\{\boldsymbol{\omega}\} = 0 \\ E\{\boldsymbol{\omega}\boldsymbol{\omega}^{\mathrm{T}}\} = \boldsymbol{R} \end{cases} \qquad (4-10)$$

式中：$\boldsymbol{R}$ 为方差矩阵。

状态估计问题的目的，是根据式（4－8）和式（4－10），去决定状态变量 $X$ 的估计值 $\hat{X}$，由于 $\boldsymbol{\omega}$ 的存在，只能使 $\hat{X}$ 极为接近 $X$。为了计及 $\boldsymbol{\omega}$，一般认为 $m$ 个量测值中存在的是无偏并且彼此间不相关的误差，于是协方差矩阵 $\boldsymbol{R}$ 则为一 $m \times m$ 对角矩阵，其元素

$$R_i = \sigma_i^2, \forall\, i = 1, 2, \cdots, m \qquad (4-11)$$

式中：$\sigma_i$ 为引起第 $i$ 个量测值中误差的标准偏差。

用加权最小二乘法的状态估计方法是求出状态变量 $\hat{X}$，使如下目标函数为极小，即

$$\min_X J = \sum_{i=1}^{m} \frac{\left[Z_i - h_i(\hat{X})\right]^2}{\sigma_i^2} \qquad (4-12)$$

写成矩阵形式则为

$$\min_X J = \left[Z - h(\hat{X})\right]^{\mathrm{T}} R^{-1} \left[Z - h(\hat{X})\right] \qquad (4-13)$$

要使上式为极小的必要条件应是

$$\frac{\partial J(\hat{X})}{\partial \hat{X}} = -2H^{\mathrm{T}} R^{-1} \left[Z - h(\hat{X})\right] = 0 \qquad (4-14)$$

式中：$\boldsymbol{H} = \dfrac{\partial h(\hat{X})}{\partial \hat{X}}$，称为雅可比矩阵。

式（4－14）为一个 $2n-1$ 个非线性联立代数方程组，含有 $2n-1$ 个待求的状态变量估计值 $\hat{X}$。要解出 $\hat{X}$，通常使用线性化迭代法。设一初值 $\hat{X}_0$，如

$$\begin{cases} X_0 = \{V_0, \theta_0\} \\ V_0 = \{1, 1, \cdots, 1\} \\ \theta_0 = \{0, 0, \cdots 0\} \end{cases} \qquad (4-15)$$

将式（4－14）在 $X_0$ 的附近对 $\triangle X_{(1)}$ 展开成泰勒级数，并只取前两项作近似，则

$$\frac{\partial J(X_0 + \Delta X_{(1)})}{\partial X} = -2H^{\mathrm{T}}(X_0 + \Delta X_{(1)})R^{-1}[Z - h(X_0 + \Delta X_{(1)})]$$

$$= -2H_0^{\mathrm{T}}R^{-1}[Z - h(X_0)] + 2\left\{\begin{matrix} -[Z - h(X_0)]^{\mathrm{T}}R^{-1} \\ \dfrac{\partial H_0}{\partial X} + (H_0)^{\mathrm{T}}R^{-1}H_0 \end{matrix}\right\}\Delta X_{(1)}$$

$$= 0 \tag{4-16}$$

式中：$H_0 = H(X_0)$。

解出 $\Delta X_{(1)}$，可得

$$\Delta X_{(1)} = \left\{[Z - h(X_0)]^{\mathrm{T}}R^{-1}\frac{\partial H_0}{\partial X} + H_0^{\mathrm{T}}R^{-1}H_0\right\}^{-1}H_0^{\mathrm{T}}R^{-1}[Z - h(X_0)] \tag{4-17}$$

于是可得状态变量的第一次迭代估计值为

$$X_{(1)} = X_0 + \Delta X_{(1)} \tag{4-18}$$

为了简化计算，$\Delta X_{(1)}$ 等式右边求逆中第一项与第二项相比较小可以略去。写成一般的迭代公式，如第 $K$ 次迭代后有

$$\Delta X_{(K)} = \{H_{(K-1)}^{\mathrm{T}}R^{-1}H_{(K-1)}\}^{-1}H_{(K-1)}^{\mathrm{T}}R^{-1}[Z - h(X_{K-1})] \tag{4-19}$$

当 $\Delta X_{(K)} \leqslant |e|$，则迭代结束，即求解过程收敛。

这里 $|e|$ 为一预先规定的误差向量，$X_{(K)}$ 即认为是所求的状态变量估计值 $\hat{X}$。

分析式（4-19），因

$$\boldsymbol{H}_{(K-1)} = \frac{\partial h(X_{(K-1)})}{\partial X_{(K-1)}} \tag{4-20}$$

这说明每次迭代时，都必须用上次迭代出的 $X_{(K-1)}$ 来修改矩阵 $\boldsymbol{H}$。因而这种计算估计值的方法，当系统较大时，计算量大且计算时间长。如节点数为 $n = 200$，而

$$m = 1.4(2 \times 200 - 1) = 558.6$$

则矩阵 $\boldsymbol{H}$ 的维数为 $559 \times 399$，就需要 223 041 个单元来存放 $\boldsymbol{H}$ 矩阵的各元素。这样，计算机的存储量要求很多，但是矩阵 $\boldsymbol{H}$ 中因有大量的"0"元素，可以采用稀疏性的技巧来处理。

这里介绍的加权最小二乘法的状态估计方法，由于存在如下一些问题，仍在继续研究解决的方法：

第一，要有足够冗余度的遥测值，否则会因出现病态方程而不易收敛；

第二，要确定各加权系数的恰当值，会遇到许多困难；

第三，全网的节点数和线路数很多时，将要求极大的存储容量和较长的计算时间。

# 第三节　分解和分层方法的应用

前面介绍的最小加权二乘法状态估计的全网解法的计算速度过慢，而且存储容量要求过多，所以为了实际应用，需要加以改进。改进的一类方法是应用分解方法来加快计算速度，并减少存储容量。第一种分解方法就是 $P$-$Q$ 分解法，这是把电的参数进行分

解简化计算。第二种分解方法是拓扑分解法，这是从网络的结构上进行分解计算。第三种是分层分解方法，这是从系统的结构上把多区的联合电力系统分解成两层：第一层是对各区系统作状态估计，第二层是联合电力系统对各区系统间作协调。

由式（4-19）可得

$$H_{(K-1)}^{\mathrm{T}} R^{-1} H_{(K-1)} \Delta X_{(K)} = H_{(K-1)}^{\mathrm{T}} R^{-1} \Delta Z_{(K-1)}$$

和

$$X_{(K)} = X_{(K-1)} + \Delta X_{(K)} \tag{4-21}$$

式中：$\Delta Z_{(K-1)} = [Z - h(X_{(K-1)})]$。

矩阵的乘积 $H_{(K-1)}^{\mathrm{T}} R^{-1} H_{(K-1)}$ 称为增益矩阵，通常用下式表示：

$$G_{(K-1)} = H_{(K-1)}^{\mathrm{T}} R^{-1} H_{(K-1)} \tag{4-22}$$

根据 $PQ$ 分解方法，可以把矩阵 $\boldsymbol{G}$，$\boldsymbol{H}$，$\boldsymbol{R}$ 和 $\boldsymbol{Z}$ 加以分解写为

$$\begin{cases} \boldsymbol{G} = \begin{bmatrix} G_{pp} & G_{pq} \\ G_{qp} & G_{qq} \end{bmatrix} \\[2mm] \boldsymbol{H} = \begin{bmatrix} H_{pp} & H_{pq} \\ H_{qp} & H_{qq} \end{bmatrix} \\[2mm] \boldsymbol{R} = \begin{bmatrix} R_{p} & 0 \\ 0 & R_{q} \end{bmatrix} \\[2mm] \boldsymbol{Z} = \begin{bmatrix} Z_{p} \\ Z_{q} \end{bmatrix} \end{cases} \tag{4-23}$$

把上述矩阵代入式（4-21），如果考虑到 $G_{pq}$，$G_{qp}$，$H_{pq}$，$H_{qp}$ 等的元素值因较小可以略去不计，则可将式（4-21）分解成两个计算问题，即 $P - \theta$ 状态估计计算问题，和 $Q - V$ 的状态估计计算问题，两个计算问题的有关公式为

$$\begin{cases} H_{pp}^{\mathrm{T}}(K-1) R_{p}^{-1} H_{pp}(K-1) \Delta \theta_{(K)} = H_{pp}^{\mathrm{T}}(K-1) R_{p}^{-1} \Delta Z_{p}(K-1) \\ H_{qq}^{\mathrm{T}}(K-1) R_{q}^{-1} H_{qq}(K-1) \Delta V_{(K)} = H_{qq}^{\mathrm{T}}(K-1) R_{q}^{-1} \Delta Z_{q}(K-1) \end{cases} \tag{4-24}$$

有关上述系统矩阵的元素，对于节点电压和注入功率可以用下式计算：

$$\begin{cases} \left[ \dfrac{\Delta P_{i}}{V_{i}} \right] = [B_{p}][\Delta \theta] \\[3mm] \left[ \dfrac{\Delta Q_{i}}{V_{i}} \right] = [B_{q}][\Delta V] \end{cases} \tag{4-25}$$

对于节点电压和线路潮流，可以用下式计算：

$$\begin{cases} \dfrac{\partial P_{iK}}{\partial \theta} = V_{i} V_{K} [G_{iK} \sin(\theta_{i} - \theta_{K}) - B_{iK} \cos(\theta_{i} - \theta_{K})] \\[3mm] \dfrac{1}{V_{i}} \cdot \dfrac{\partial Q_{iK}}{\partial V_{i}} = -V_{i} V_{K} [G_{iK} \sin(\theta_{i} - \theta_{K}) - B_{iK} \cos(\theta_{i} - \theta_{K})] \end{cases} \tag{4-26}$$

式中：$P_{iK}$ 为节点 $i$ 和节点 $K$ 间的有功潮流；

$Q_{iK}$ 为节点 $i$ 和节点 $K$ 间的无功潮流；

$G_{iK} + jB_{iK}$ 为节点 $i$ 和节点 $K$ 间的导纳。

如果采用快速分解法计算，可以进一步假设，即

$$V_i = V_K$$

式（4－26）还可以简化为

$$\begin{cases} \left[\dfrac{\Delta P_{iK}}{V_i V_K}\right] = [B_p'][\Delta\theta] \\[3mm] \left[\dfrac{\Delta Q_{iK}}{V_i V_K}\right] = [B_q']\left[\dfrac{\Delta V}{V}\right] \end{cases} \tag{4-27}$$

为使式（4－27）和式（4－25）一致以便能够合并，把式（4－27）第二式右端的 $V$ 取为 1，则

$$\begin{cases} \boldsymbol{H}_p = \begin{bmatrix} B_p \\ B_p' \end{bmatrix} \\[5mm] \boldsymbol{H}_q = \begin{bmatrix} B_q \\ B_q' \end{bmatrix} \\[5mm] [\Delta\boldsymbol{Z}_p] = \begin{bmatrix} \dfrac{\Delta P_i}{V_i} \\[3mm] \dfrac{\Delta P_{iK}}{V_i V_K} \end{bmatrix} \\[8mm] [\Delta\boldsymbol{Z}_q] = \begin{bmatrix} \dfrac{\Delta Q_i}{V_i} \\[3mm] \dfrac{\Delta Q_{iK}}{V_i V_K} \end{bmatrix} \end{cases} \tag{4-28}$$

于是分解法的迭代计算公式为

$$\begin{cases} G_{pp(K-1)}\Delta\theta_{(K)} = H_{pp(K-1)}^{\mathrm{T}} R_p^{-1}\Delta Z_{p(K-1)} \\ G_{qq(K-1)}\Delta V_{(K)} = H_{qq(K-1)}^{\mathrm{T}} R_q^{-1}\Delta Z_{q(K-1)} \end{cases} \tag{4-29}$$

另一种分解法用在联合电力系统中，把它分解成几个分系统，尤其是有联络线联结的联合电力系统，采用这种网络分解方法特别实用。实际上，参照第三章，这种分解方法应是一种分层的分解方法。如整个系统有 $n$ 个母线和 $l$ 条线路，可以根据联络线的分布情况，分解成 $K$ 个互相不重叠的分系统，如第 $j$ 个分系统有 $n_j$ 个母线和 $l_j$ 条线路，则

$$\sum_{j=1}^{K} n_j = n \tag{4-30}$$

令 $l_{ti}$ 表示第 $i$ 个联络线区的联络线数目，分区系统间共有 $M$ 个联络线区，则

$$\sum_{j=1}^{K} l_j + \sum_{i=1}^{M} l_{ti} = l \tag{4-31}$$

并有

$$M \geqslant K-1 \tag{4-32}$$

这种状态估计方法，是把整个联合电力系统分为 $K$ 个分系统分别进行。具体步骤分为两步：第一步，对 $K$ 个分系统应用前述的方法进行状态估计，这就可以并行进行；第二步，协调各分系统的估计结果。下面着重分析第二步，即如何协调各分系统的估计结果。

如果以第一个分区系统的参考母线作为全系统的参考母线，要统一全系统状态变量 $(V,\theta)$ 的 $\theta$ 值，必须要求得各联络线两端间的电压相角差。

对于各联络线，各端设置潮流量测量，即两端的有功和无功潮流量测量，最多可有 4 个。于是利用估计计算公式，计算联络线上的相角差 $\theta_t$ 为

$$\Delta\theta_{t(K)} = \left[H_t^{\mathrm{T}}(\theta_{t(K-1)})R_t^{-1}H_t(\theta_{t(K-1)})\right]^{-1}H_t^{\mathrm{T}}(\theta_{t(K-1)})R_t^{-1}\left[Z_t - h_t(\theta_{t(K-1)})\right]$$

$$(4-33)$$

式中：$Z_t$ 为联络线上的潮流量测量；

$\boldsymbol{h}_t(\cdot)$ 为联络线有关的非线性函数向量；

$\boldsymbol{H}_t(\cdot) = \dfrac{\partial h_t}{\partial\theta_t}$ 为联络线有关的雅可比矩阵；

$\boldsymbol{R}_t$ 为联络线量测量的协方差矩阵。

于是，当 $\Delta\theta_{t(K)} \leqslant |\varepsilon_t|$，则

$$\theta_{t(K)} = \theta_{t(K-1)} + \Delta\theta_{t(K)} = \hat{\theta}_t \qquad (4-34)$$

即可求得相角差估计值 $\hat{\theta}_t$。

有时候，只有一个潮流量测值，如有功潮流，则计算大为简化：

$$\Delta\theta_{t(K)} = \boldsymbol{H}_t^{-1}(\theta_{t(K-1)})\left[Z_t - \boldsymbol{h}_t(\theta_{t(K-1)})\right]$$

只有一个量测量，因而也就可以不用上式，而根据潮流公式计算 $\theta_t$，作为估计值。这样虽然简单，但不能滤去测量误差。

求得各联络线角度 $\theta_t$ 估计值以后，便可以分区系统 1 作为基础，并将分区系统 1 的参考母线作为全系统的参考母线，再协调有联络线与它相连的各分系统的电压角度估计值，然后再依次协调其余分系统的角度估计值。

这种分层分解方法最后得到的角度估计值的误差，与联络线角度估计值的误差密切有关，而此误差又与各分系统中接联络线的边界母线电压估计值的误差有关。

# 第四节　电力系统的可观测性

电力系统运行时，在调度控制中心为保证系统的安全经济运行，需要有两大类与系统运行有关的参数：第一类是在数据库中存放的网络结构和各元件的参数，第二类是由厂站终端收集的运行参数如各节点电压、注入功率和线路的潮流以及开关位置状态的信息。利用这些数据和信息，通过在线程序的计算和处理，检测并剔除有错误的数据，再经过状态估计，便能得到电力系统状态变量的估计值。通常认为这样的电力系统是可观测的，但是实际上，由于运行参数因厂站终端的设置原因，可能不完备或配套，或者外部系统的等值不确切，缺乏相应实时参数，甚至于个别运行参数有错误（称为不良数据），于是电力系统就可能不具有完全的可观测性。为解决可观测性的问题，首先应从理论上对电力系统的可观测性有一认识；然后，再采用一些措施，如决定最大的可观测网络、识别不良数据而代之以合理的人为数据等，以满足运行的需要。

电力系统的状态估计要能得到解答，由（4－19）和式（4－20）可知，必须对雅可比矩阵 $H$ 有一定的要求，如果采用分解算法，则对分解后所用的雅可比子矩阵 $H_{pp}$ 和 $H_{qq}$ 的性质也有一定的要求，矩阵 $H$ 由网络的结构以及量测量的设置而定，为了分析研究电力系统的可观测性，现定义一量测网络作为分析系统可观测性的基础。设量测网络 $W$ 定义为：

$$W \triangleq (G, M) \tag{4－36}$$

式中：$G$ 为表示节点和支路联结的图形；

$M$ 为节点和支路的量测量。

对于 $H_{pp}$ 的有功功率量测网络，量测图形 $G$ 应该根据系统一次结线图，配置足够的节点和支路的测量值而得。对于 $H_{qq}$ 也可用类似的方法决定，矩阵 $H$ 的维数是 $m \times (2n-1)$。

通常又有 $m > (2n-1)$，所以式（4－19）要能够求解，$H$ 的秩必须是 $2n-1$。这也反应了系统可观测性的一个必要条件。

电力系统有 $n$ 个节点，包括这 $n$ 个节点的树形测量网络称为全树图形 $G_T$。在其节点和支路上配置了 $m$ 个量测，而且 $m > (2n-1)$。如果这种全树测量网络

$$W_T = (G_T, M_m) \tag{4－37}$$

构成 $H$ 矩阵的秩是 $2n-1$，即称为满秩，则这种测量网络是可观测的。

如果厂站终端所配置的量测量，缺乏某些必要量，或有些量测量，因有错而不能使用，会使矩阵 $H$ 不是满秩，这就使整个量测网络失去可观测性。在实际的运行情况下，如果全树图形失去可观测性，常常在全树中找最大的一部分图形，称为树段 $F$ 的量测网络

$$W_F = (G_F, M_f) \tag{4－38}$$

具有满秩的 $H$ 矩阵，这种树段称为最大的可观测树段。

尽管量测量都是包括节点的电压、注入功率和支路潮流，但是由于网络的结构以及量测量的配置方法，有的量测量在出错时，不会使 $H$ 矩阵的秩数减少，这种量测量称为非关键量测；而有的量测量不能使用时，会使矩阵 $H$ 的秩减 1，这种量测量称为关键量测。由此看来，当缺少某些量测量时，应有方法找出最大可观测树段。

为了判断和识别出错数据，或称不良数据，可以利用状态估计的算法加以扩充，通常当状态变量的估计值 $\hat{X}$ 求出后，可以在式（4－13）中，令

$$X = \hat{X}$$

则有

$$J(X) = [Z - h(X)]^{\mathrm{T}} R^{-1} [Z - h(X)]$$
$$= \sum_{i=1}^{m} \left( \frac{r_i}{\sigma_i} \right)^2 \tag{4－39}$$

式中：$r_i$ 称为第 $i$ 个量测量的残差，即 $r_i = Z_i - h_i(X)$。

如果 $J(X)$ 的数值大于某一设定值，则认为有出错数据，进一步便要求能识别出错数据。为此可计算加权残差向量 $R_w$ 为

$$\boldsymbol{R}_W = \sqrt{\hat{R}^{-1}}[\hat{r}] \qquad (4-40)$$

式中：$[\hat{r}] = [Z - h(\hat{X})]$。

向量 $\boldsymbol{R}_W$ 的各分量元素，要求按大小次序排列，于是便可以把大于正态分布所定的误差量的量测值判定为出错数据。从理论上分析，这样可以剔去所有的出错数据。而实际上为了可靠起见，只除去最大残差的一个出错数据，把剩下的状态变量再对 $J(\hat{X})$ 进行判别。

**1. 把量测量的意义加以扩展**

为了提高电力系统可观测的范围，可以对量测方法和量测值加以分析，从中找出一些补救的方法。这可以把量测量的意义加以扩展，并分为如下几类：

（1）实际量测值：这是由实际的厂站终端所获得的量测值。

（2）预知量测值：有些母线上的注入功率，基本不作改变或有规律地变化，即使不实时收集，这些量测值也能预先知道。

（3）人为量测值：一般是母线的负荷值。这种量测值的精度不易肯定，在母线的注入功率出现不良数据时，可以考虑使用人为量测值。

**2. 系统可观测性的检查**

在进行状态估计以前，可以先进行系统可观测性的检查，具体做法如下：

（1）利用实际量测值和预知量测值形成一满秩的最大测量树段 $G_F$；

（2）区分已有的量测值哪些是关键量测值，哪些是非关键量测值；

（3）引入一些人为的量测值，这些量测值可以用来扩大量测树段的范围。

# 第五节　状态估计的快速求解方法

快速状态估计方法是基于信流网的信流处理，电力系统的发电厂和变电站装设了数据采集终端，并将数据以信号方式送往调度主机，于是便形成了一个信息网络。信息网络中信息和信息流是电力系统运行参数集合的映射。因此对电力系统运行参数量测值所进行的状态估计计算，可以用对信息网络中信息流进行参数估计计算来代替。

图 4-1 表示一多节点的信息网络图，小圆圈代表节点，对应于电力系统的母线，节点间的连线为枝，对应于母线间的变压器或线路。用厂站终端采集数据的节点，称为信源节点，信源节点 $j$ 采集系统的运行参数有母线电压 $V_j$，母线功率 $P_j$ 和 $Q_j$ 以及与母线相连各支路的潮流 $P_{ji}$ 和 $Q_{ji}$、$P_{jk}$ 和 $Q_{jk}$ 等。信源节点 $j$ 采集的数据送到调度主机的节点信息为

$$I_j = \{V_j, P_j, Q_j, P_{ji}, Q_{ji}, P_{jk}, Q_{jk} \cdots\cdots\}^I \qquad (4-41)$$

式中：右集合符外的上标 $I$，表示状态参数映射到信息网络上的信息集；

$V_j$、$P_j$ 和 $Q_j$ 等参数则为 $V_j$、$P_j$ 和 $Q_j$ 等参数在调度主机数据区中存放的信息值，

也即是节点信息值。

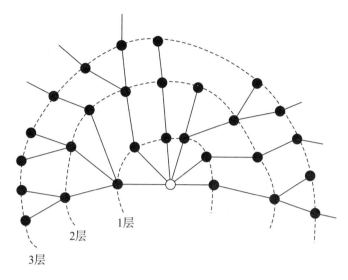

图 4-1　分层信息网络

在调度主机的数据区，存放的电力系统总节点信息集 $I_s$ 则为

$$I_s = \{ I_j \mid j \{ 1,2,\cdots,n_T \} = \{ n_T \} \mid (ob) \} \qquad (4-42)$$

式中：$n_T$ 为信源节点总数；

$(ob)$ 表示信源节点的设置地点和数量，保证电力系统具有可观测性。

$I_s$ 是在调度主机内存放的表示电力系统运行状态的状态信息。它和实际在厂站配电盘或控制屏上仪表所读得的数值不完全吻合，这是信号采集和传输设备的工作原理与常规盘表工作不相同所造成的，但有一定的映射关系。

将 $I_s$ 根据电力系统运行特性进行参数估计，可以在以选择的根节点为参考的基础上逐层进行。这不但可以完成状态信息的估计计算，而且还可同时完成在线潮流的计算工作。根节点的选择可以按照形成最优信熵树的方法，也可以采用整个网络分层数尽可能少的方法。选择一个厂站终端信息准确度符合要求的节点作为根节点，也即是根节点所对应的厂站装设的远程终端，它有信息采集可信度，并经常进行校对，这在用现代电子技术和计算机技术相结合制造出的远程终端上，可信度能达到使用要求。

决定的根节点设为节点 0 以后，与根节点的枝直接相连的节点，为第 1 层节点，设第 1 层的节点共有 $n_1$ 个，第 1 层节点集用 $C_1$ 表示。除根节点和第 1 层节点以外，与第 1 层节点有枝直接相连的节点，为第 2 层节点。第 2 层节点数为 $n_2$，第 2 层节点集用 $C_2$ 表示。依此对整个信息网络进行分层。设共分为 $r$ 层，第 $r$ 层的节点数为 $n_r$，则信息网络的总节点集 $C_T$ 为

$$C_T = \{ O,C_1,C_2,\cdots,C_r \} \qquad (4-43)$$

每层节点数的集合为

$$N_T = \{ n_1,n_2,\cdots,n_r \} \qquad (4-44)$$

并有

$$\sum_{q=1}^{r} n_q + 1 = n_T$$

式中：$n_T$ 为节点总数。

分层以后，便可从根节点开始，逐层对节点信息值进行参数估计。

对根节点 0 的节点信息 $I(0)$，作为参数估计的参考基础，表示为

$$I(0) = \{\bar{V}_0, \bar{P}_0, \bar{Q}_0, \bar{P}_{0*}, \bar{Q}_{0*}\} \tag{4-45}$$

使用 $I(0)$ 检查第 1 层各节点信息值有无不良数据。采用支路电流两端应该相等的判据作为检查依据。根节点所联各枝对应的支路电流为

$$I_{0*}^2 = \frac{P_{0*}^2 + Q_{0*}^2}{V_0^2} \tag{4-46}$$

式中：下标 $*$ 表示与节点 0 有枝相连的节点号，即第 1 层 $C_1$ 所包含的节点号。

第 1 层 $C_1$ 有关节点与根节点所联各枝对应的支路电流为

$$I_{*0}^2 = \frac{P_{*0}^2 + Q_{*0}^2}{V_*^2} \tag{4-47}$$

当节点信息准确无误时，各 $I_{0*}^2$ 和 $I_{*0}^2$ 应该相等。实际上，由于存在信息采集和传送时受到干扰而引起误差，而且各量在采集时因不是在同一时刻引起数据在时间上的不一致，所以各 $I_{0*}^2$ 和 $I_{*0}^2$ 常不相等，可以定出一误差判定系数 $\omega$，衡量是否存在不良的节点信息，即满足

$$\left| \frac{I_{0*}^2 - I_{*0}^2}{I_{0*}^2} \right| \leqslant \omega \tag{4-48}$$

则认为第一层的节点信息 $I(1)$ 为合格信息，其中 $\omega$ 的值通常取作 0.05。

如某一节点信息不合格，则舍去不用，而用根节点信息和该支路的阻抗算出该节点信息，计算公式为

$$\bar{P}_{*0} = \bar{P}_{0*} \pm \bar{I}_{0*}^2 R_{0*} \tag{4-49}$$

$$\bar{Q}_{*0} = \bar{Q}_{0*} \pm \bar{I}_{0*}^2 X_{0*} \tag{4-50}$$

$$\bar{V}_* = \bar{V}_0 \pm (\bar{P}_{0*} R_{0*} + \bar{Q}_{0*} X_{0*}) / \bar{V}_0 \tag{4-51}$$

第一层的节点信息 $I(1)$，经过不良信息检查后，便可进行最小二乘法参数估计，即对第一层节点信息求估计值。设节点信息的估计值用上标符号"^"表示。为了求得最佳估计值，应使下列目标函数为极小：

$$\min J = \sum_{c_1} \sum_{*} ((\hat{V}_* - \bar{V}_*)^2 + (\hat{P}_{0*} - \bar{P}_{0*})^2 + (\hat{Q}_{0*} - \bar{Q}_{0*})^2 + $$

$$(\hat{P}_{*0} - \bar{P}_{*0})^2 + (\hat{Q}_{*0} - \bar{Q}_{*0})^2 \tag{4-52}$$

并有下列约束条件：

$$\frac{P_{0*}^2 + Q_{0*}^2}{V_0^2} = \frac{P_{*0}^2 + Q_{*0}^2}{V_*^2} = I_{0*}^2 \tag{4-53}$$

$$P_{*0} = P_{0*} \pm I_{0*}^2 R_{0*} \tag{4-54}$$

$$Q_{*0} = Q_{0*} \pm I_{0*}^2 X_{0*} \tag{4-55}$$

在式（4-52）中第一个 $\sum$ 符号是对第一层的各节点求和，在 $\sum$ 符号下用第一层符号 $C_1$ 表示，第二个 $\sum$ 符号是对该层每一节点的各信息量的估计值与信息值之差的平方求和，在 $\sum$ 符号下用 " $*$ " 表示，求解式（4-52）并考虑约束条件式（4-53）～式（4-55），便可以得到

$$\hat{I}(1) = \{\hat{V}_*, \hat{P}_{*0}, \hat{Q}_{*0} \mid \in C_1\} \tag{4-56}$$

并求得根节点的信息估计值：

$$\hat{I}(0) = \{\hat{V}_0, \hat{P}_{0*}, \hat{Q}_{0*}\} \tag{4-57}$$

由此可见，在进行估计的同时，也得到系统潮流的信息估计值。

当以根节点电压作为参考轴，即令角度

$$\theta_0 = 0$$

根据下式便可以算出第一层各节点电压角度的估计值：

$$\hat{\theta}_* = \alpha\mathrm{rcsin}\left[\frac{Z_{0*}\hat{P}_{*0} - \hat{V}_*^2\sin\alpha_{0*}}{\hat{V}_0\hat{V}_*}\right] \tag{4-58}$$

计算从根节点到第一层节点的节点信息估计值以后便可以依照上述同样的方法，计算第一层节点到第二层节点的节点信息估计值，如此继续，直到最外一层。现将一般通式叙述如下，以便编制计算程序。

设已算得 $i$ 层的节点信息估计值为：

$$\hat{I}(i) = \{\hat{V}_*, \hat{P}_{*h}, \hat{Q}_{*h} \mid \in C_i\} \tag{4-59}$$

式中：下标 $h$ 表示内一层编号。

与第 $i$ 层有枝直接相连的外一层的编号为 $j$，首先检查第 $j$ 层的节点信息是否合格。同理，根据式（4-46）和式（4-47）计算

$$I_{ij}^2 = \frac{P_{IJ}^2 + Q_{IJ}^2}{V_I^2}, I \in C_i, J \in C_j \tag{4-60}$$

和

$$I_{ji}^2 = \frac{P_{JI}^2 + Q_{JI}^2}{V_J^2}, I \in C_i, J \in C_j \tag{4-61}$$

检查是否满足合格条件，即判断

$$\frac{\bar{I}_{ij}^2 - \bar{I}_{ji}^2}{\bar{I}_{ij}^2} \tag{4-62}$$

如果某一节点信息不合格，则类似式（4-49）～（4-51），计算出一代用值。如缺少一节点的节点信息，也可以用这些公式算出代用值。

用下述求极值公式计算第 $j$ 层节点的节点信息估计值：

$$\min J = \sum_{c_j}\sum_J ((\hat{V}_J - \bar{V}_J)^2 + (\hat{P}_{IJ} - \bar{P}_{IJ})^2 + (\hat{Q}_{IJ} - \bar{Q}_{IJ})^2 + \tag{4-63}$$
$$(\hat{P}_{JI} - \bar{P}_{JI})^2 + (\hat{Q}_{JI} - \bar{Q}_{JI})^2, I \in C_i, J \in C_j$$

约束条件为

$$\frac{\hat{P}_{IJ}^2 + \hat{Q}_{IJ}^2}{\hat{V}_I^2} = \frac{\hat{P}_{JI}^2 + \hat{Q}_{JI}^2}{\hat{V}_J^2} = \hat{I}_{IJ}^2 \qquad (4-64)$$

$$\hat{P}_{JI} = \hat{P}_{IJ} \pm \hat{I}_{IJ}^2 \hat{R}_{IJ} \qquad (4-65)$$

式（4-63）～（4-65）则是分层计算各层节点信息估计值的通用算式。根节点可以作为第 0 层，第 0 层只有一个节点，它的电压值作为参考计算值，计算时当作估计值。

这种分层计算节点信息估计值的方法，由于每一层的节点数不多，因而计算速度快。对于节点数多的系统，如多达 180 个节点的系统，计算的时间都能满足实时性的要求。又由于是逐层进行计算，占用的内存单元少，所以在计算机上能完成较大规模系统的参数估计计算的任务。

在装设了调度自动化系统的调度中心，电力系统的运行状态参数是以节点状态信息的形式存放在调度主机的数据库中的。所以对节点信息进行参数估计计算所得的结果，也就反映出电力系统运行状态估计计算出的情况，还可校核远动和通信设备工作是否正常。

根据这种快速状态估计的计算原理，可以把全部计算工作分成三部分来进行。第一部分为根据网络的拓扑结构，先指定某一节点作为根节点后，确定网络各层的节点号，这一部分计算称为定层计算。只有发生开关变位以后，才需要进行一次定层计算。第二部分计算为分层进行状态估计。计算工作是从第一层开始依次进行，对某一层进行计算时，先检查该层各节点有无不合格的节点信息，如果有则作初步校正。同时，也检查是否有节点因未装设厂站终端或厂站终端退出工作，或缺少该节点远方传来的远动节点信息，也需要初步判定该节点的节点信息。然后对该层的节点信息进行参数估计计算，这一部分计算称为分层估计计算。第三部分是数据的处理、显示和打印，这一部分工作是将估计计算的结果，即节点信息估计值，根据调度工作的需要，用人-机对话方式经过处理后，将数据进行整理和编排，在屏幕上显示，或用打印机打印成需要的表格。这种快速的状态估计方法，同时完成在线潮流的计算工作，因而显示和打印的格式和种类较多，用鼠标或按键来选择。整个算法的流程见图 4-2。

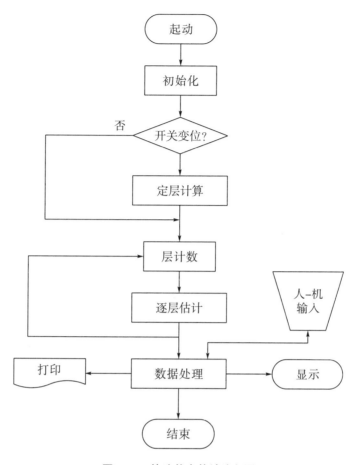

**图 4-2 快速状态估计流程图**

这种快速的状态估计计算方法，曾经用在几个实际电力系统调度自动化系统中，网络的节点数有：十几个节点、几十个节点、一百多个节点。实际使用的结果表明：用这种方法计算速度快，占用内存少。采用根节点的电压值作为参考基础，使调度人员使用估计出的结果时，有一个相对比较的基础。一些用其他状态估计法不易得出收敛的结果，用这种方法估计计算，都能得到合理的结果。

# 第六节　三相动态平衡理论和八值逻辑算法

要保证电力系统的安全经济运行，关键是要监测电力系统的运行参数，判断电力系统的运行状态。由于调度自动化系统各个厂站采集到的信息不同期，所以使用这些数据必须要进行相容性的处理，以便使用这些数据进行各种电网实时分析计算，获得实用的结果。随着电网规模的扩大，母线和线路条数的增多，求解电网的各种方程维数随之增加，既要求状态估计值有一定的精度，又要求提高求解的速度，以保证实时性。为此，可以应用三相法来提高处理电力系统状态判定的速度。

　　三相法是指电力系统的研究对象，如母线、线路等的运行特性可以分为相互制约和相互协调的两部分以及引起这两部分发生动态变化的干扰环境。电力系统内部的任何部分都存在着发和供的平衡，而负荷和环境的随机变化就构成了环境的干扰。图 4－3 表示了这种相互作用的关系。

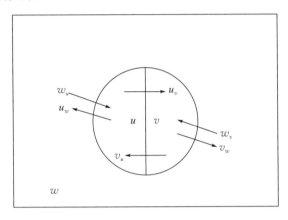

图 4－3　三相作用分析

　　电力系统任何部分根据发、供平衡可分为 $u$ 和 $v$ 两部分。这两部分之间具有相互制约和相互协调的作用：$u_v$ 和 $v_u$。它们和干扰环境 $w$ 之间也存在着相互的作用：$u_w$、$v_w$、$w_u$ 和 $w_v$。

　　在正常运行情况下，系统的两部分 $u$ 和 $v$ 之间，系统 $uv$ 和环境 $w$ 之间，都处于相对平衡的状态，使它能正常完成发、供电的任务，但是这种平衡是一种动态的平衡状态，因为系统的内部随外部环境的不断随机变化，会使相互平衡受到破坏。当这种平衡受到破坏以后，系统依靠自身的能力，经过一段动态过程很快达到新的平衡，则系统又能继续正常运行；系统受到干扰以后，如没有能力达到新的平衡状态，则系统不能再继续正常运行。三相动态平衡的数学描述可以用图 4－4 来说明。

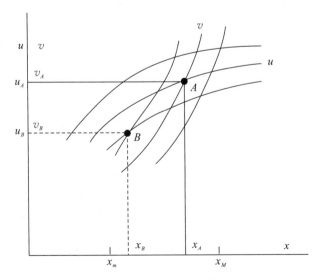

图 4－4　三相动态平衡

$u$ 和 $v$ 的特性可以用两族线来表示

$$u = f_u(x, w) \tag{4-66}$$
$$v = f_v(x, w) \tag{4-67}$$

式中：$x$ 为系统的状态变量。

$u$ 和 $v$ 的特性量用纵轴表示，状态变量 $x$ 用横轴表示，这两族曲线的每一条线因受环境 $w$ 的影响，变化又各不相同。在正常平衡情况下，$u$ 和 $v$ 都相应有一条曲线，它们的交点为 $A$，即平衡点，对应为 $u_A$、$v_A$ 和 $x_A$。当环境 $w$ 和 $u$、$v$ 相互作用变化到另外两条曲线交点 $B$，对应为 $u_B$、$v_B$ 和 $x_B$。如果能保持新的平衡，则系统的等式约束条件得到满足。关键则是 $x$ 能否满足不等式约束条件。

状态变量允许的变化范围，最大设不超过 $x_M$，最小设不低于 $x_m$，即

$$x_M > x > x_m \tag{4-68}$$

将 $x_m$ 和 $x_M$ 间分为 $d$ 段，通常取 $d$ 为 7。工作范围则为

$$x_{mM} = \{x_{li} \mid i \in (1, 7)\} \tag{4-69}$$

式中：$x_{l4}$ 段是以参数 $x$ 的额定值 $x_l$ 为中心，其值上下各有一容差的范围，这一段称为额定状态。于是有如下定义：

段 $x_{l7}$——"偏高"状态

段 $x_{l6}$——"较高"状态

段 $x_{l5}$——"微高"状态

段 $x_{l4}$——"额定"状态

段 $x_{l3}$——"微低"状态

段 $x_{l2}$——"较低"状态

段 $x_{l1}$——"偏低"状态

上述状态的"定语"可以根据参数 $x$ 的特点而有所不同，也可以参照模糊逻辑来描述。

参数 $x$ 的工作状态 $\{x_{l1}, x_{l2}\cdots, x_{l7}\}$ 在分析处理时，可以用一种八值逻辑运算规则来处理。这 7 段逻辑值分别表示为

$$\begin{cases} T_{x8} = \{1, 2, 3, 4, 5, 6, 7\}_{(8)} \\ T_{x4} = \{-3, -2, -1, 0, 1, 2, 3\}_{(4)} \end{cases} \tag{4-70}$$

上式分别用 8 进制 $T_{x8}$ 和 4 进制 $T_{x4}$ 表示。

三相动态平衡理论 TQD（Three-Quadrant Dynamic Equivalence Theory）和八值逻辑算法 ELV（Eight-Logic Values Operation）的应用方法如下：

（1）信息量转换。量测电力系统的实时状态信息量

$$\boldsymbol{Z} = [P_{ij}^t, Q_{ij}^t, V^t] \tag{4-71}$$

根据各量相对应的不等式约束条件转换到用 ELV 表示的逻辑值，也即将通常的量测量描述空间映射到 ELV 的映像空间。这种方法只要丢弃不良数据，就可以简化状态估计计算。

（2）利用八值逻辑的运算法则，找出偏离额定值最大的状态量。

设有 $t_1$，$t_2$，$\cdots$，$t_n$ 个用八值逻辑表示的状态量。对它们进行逻辑"与"运算为

$$\begin{cases} t_m = t_1 \wedge t_2 \wedge, \cdots, \wedge t_n = \bigwedge_n t_i \\ \triangle \min\{t_i \mid i \in (1,n)\} \end{cases} \quad (4-72)$$

进行"或"运算为

$$\begin{cases} t_M = t_1 \vee t_2 \vee, \cdots, \vee t_n = \bigvee_n t_i \\ \triangle \max\{t_i \mid i \in (1,n)\} \end{cases} \quad (4-73)$$

（3）求得在实时状态时的 $t_m$ 和 $t_M$ 后，为了防止系统运行继续恶化，需求得它们相应的改善状态的控制作用 $k_m$ 和 $k_M$，可以采用逻辑非运算：

$$\begin{cases} k_m = \overline{t_m} \\ k_M = \overline{t_M} \end{cases} \quad (4-74)$$

逻辑"非"运算的法则是当逻辑值为 $l$ 时用 8 进制表示时：

$$\overline{l}_{(8)} = 4 - l_{(8)} \quad (4-75)$$

控制作用的"+"号为增加，"−"号为降低。

用 4 进制表示时：

$$\overline{l}_{(4)} = -l_{(4)} \quad (4-76)$$

（4）用 TQD 理论，可以从已知的控制作用中求出相应的控制量。如某一母线电压需要进行控制，选取该母线能供给的无功功率 $Q_G$ 为 $u$，有

$$u = Q_G = f_u(V) \quad (4-77)$$

负荷取用的无功功率 $Q_G$ 为 $v$，有

$$v = Q_L = f_v(V) \quad (4-78)$$

式（4−77）和（4−78）的关系在 ELV 空间则为一较为简单关系型表。控制作用 $k_m$ 为需要从当前的 $V_{(1)}$ 值提高到 $V_{(4)}$ 值，则有

$$Q_{G(1)} = f_u(V_{(1)})$$
$$Q_{G(4)} = f_u(V_{(4)})$$

即需要投入无功功率补偿容量为

$$\triangle Q = Q_{G(4)} - Q_{G(1)} \quad (4-79)$$

# 第五章　电力系统的安全运行和分析

## 第一节　电力系统的正常运行状态

电力系统在运行过程中，绝大多数时间都处在正常状态。在正常运行状态下，发电机发出的有功功率和负荷取用的有功功率以及网络损耗的有功功率之间，应随时保持平衡。系统产生的感性无功功率和负荷取用的感性无功功率以及网络损耗的感性无功功率，也随时保持平衡。此外，系统的频率和各母线的电压值都在规定的范围内，并且系统各支路的潮流可以用电流，也可以用功率来表示，都没有超过它的发热极限值和运行稳定的极限值。这就是说，电力系统运行要求的等式约束条件和不等式约束条件都能很好地得到满足。

但实际情况是：电力系统的负荷每天内各个时间都在发生变化，而且随时间的变化还非常显著，不同的季节差别也很大。图 5-1 是不同季节日有功负荷变化曲线的示意图。在负荷变化时，系统的发电出力应随负荷的增加而增加，随负荷的减少而减少，有功功率和无功功率都应满足平衡的等式约束条件，即

$$\sum_{i=1}^{n} P_{Gi} = \sum_{j=1}^{m} P_{Lj} + P_R \tag{5-1}$$

和

$$\sum_{i=1}^{n} Q_{Gi} = \sum_{j=1}^{m} Q_{Lj} + Q_R \tag{5-2}$$

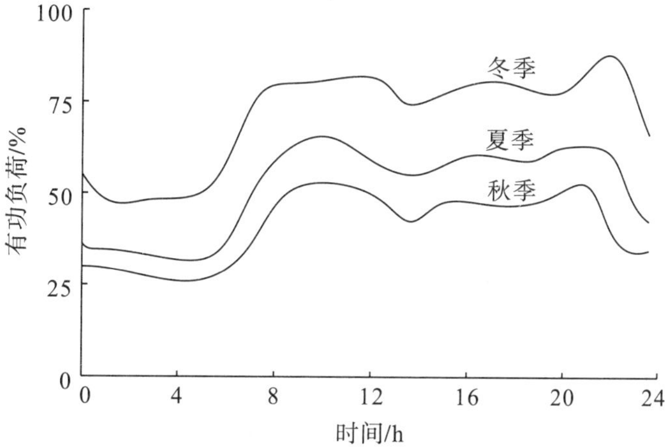

图 5-1　日有功负荷曲线

负荷增加时，发电厂输出的功率增加，输电线路的潮流也相应增加，以供给负荷的需要；负荷减少时，发电厂输出的功率减少，输电线路潮流也相应减少。这必然要引起输电线路两端电压的变化和流过线路电流的变化，这些电压和电流的变化，应该满足不等式的约束条件，即

$$V_{K\max} > V_K > V_{K\min}, \forall K = 1, 2, \cdots, t_n \tag{5-3}$$

$$I_{L\max} > I_L > I_{L\min}, \forall L = 1, 2, \cdots, l_n \tag{5-4}$$

上述公式的约束条件已在第一章第二节作了初步的介绍。现在，将要分析这两种约束条件之间的关系，以及怎样保证在正常状态下满足这些约束条件。问题的关键是当输电线路在负荷潮流变化时，两端的电压和流过的电流怎样随之变化。为了阐明这一物理过程，使分析的情况比较直观，认为线路的电阻比电感抗小得多，可以不计。设输电线路两端，即送端和受端的复功率分别为 $S_1$ 和 $S_2$，有

$$\begin{cases} S_1 = \dot{V}_1 \overset{*}{I}_1 = P_1 + jQ_1 \\ S_2 = \dot{V}_2 \overset{*}{I}_2 = P_2 + jQ_2 \end{cases} \tag{5-5}$$

式中：* 表示共轭值。

设送端电压 $V_1$ 的大小一定，当负荷增加或减少时，受端电压如不加以控制，现在分析 $V_2$ 的变化规律，因不计线路的电阻，则略去了线路的有功功率损耗，于是

$$P_1 = P_2 = P$$

要是线路只输送有功功率到受端，则线路的电流 $I_2$ 与 $V_2$ 同相，可得电压 $V_1$ 和 $V_2$ 的关系为

$$\dot{V}_1 = \dot{V}_2 + jI_2 X_l \tag{5-6}$$

式中：$X_l$ 为线路电抗。

根据式（5-6）可以画出如图 5-2 所示的向量图。图中向量 $jI_2X_l$ 与 $V_2$ 相差 90°。

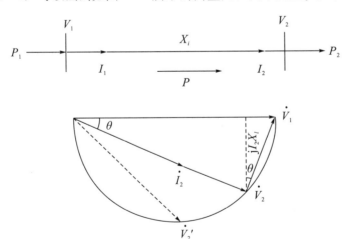

图 5-2 $V_2$ 不可控制时的向量图

$V_1$ 不变，当 $I_2$ 增加时，则向量 $V_2$ 的顶点沿以 $V_1$ 为直径的半个圆周上移动，电压 $V_1$ 和 $V_2$ 间的相角

$$\theta \triangleq \angle \dot{V}_1 - \angle \dot{V}_2 \tag{5-7}$$

可以用来表示线路潮流的情况。

$$P_1 = V_1 I_2 \cos \theta = P \tag{5-8}$$

从向量可知

$$I_2 X_l \cos \theta = V_2 \sin \theta$$

而且

$$V_2 = V_1 \cos \theta$$

把上两式代入式（5-8），可得

$$P = \frac{V_1^2}{X_l} \sin \theta \cos \theta = \frac{V_1^2}{2X_l} \sin 2\theta \tag{5-9}$$

输电线路可以输送的最大有功功率为

$$P_{\max} = \frac{V_1^2}{2X_l} \tag{5-10}$$

此时，电压 $V_1$ 和 $V_2$ 间的角度为

$$\theta_{\max} = 45° \tag{5-11}$$

$V_2$ 在最大功率输送时降低到

$$V_{2\min} = V_1 \cos 45° = \frac{\sqrt{2}}{2} V_1 = 0.707 V_1 \tag{5-12}$$

　　如果送端电压 $V_1$ 比额定电压 $V_e$ 高 $10\%$，则受端最低的 $V_{2\min}$ 与额定电压 $V_e$ 的关系为

$$V_{2\min} = 0.707 V_1 = 0.707 \times 1.1 V_e = 0.78 V_e$$

　　这说明受端电压过低，不满足正常运行的约束条件。为了保证正常运行的要求，$V_2$ 最低若定为 $0.9 V_e$，则可以求出运行的角度 $\theta$ 和线路输送的功率为

$$0.9 V_e = 1.1 V_e \cos \theta$$

即

$$\theta = 35°$$

$$P_0 = \frac{V_1^2}{2X_l} \sin 2\theta = \frac{(1.1 V_e)^2}{2X_l} \sin(2 \times 35°) = 0.57 \frac{V_e^2}{X_l} \tag{5-13}$$

　　这说明当受端电压 $V_2$ 不能控制时，为了保证 $V_2$ 的约束条件，则要限制输送的有功功率最大不超过 $P_0$ 值。

　　为了想增大输送功率，又不致使受端电压 $V_2$ 太低，可以设法提高 $V_2$ 的数值，这需要由无功功率的分布来控制。

　　如要求使 $V_2$ 保持不变，从图 5-3 可知，$V_2$ 向量的端点，则应位于以 $O$ 为圆心，$V_2$ 的长度为半径的圆上，在保证输送有功功率 $P_1 = P_2 = P$ 一定时，同时电流 $\dot{I}_2$ 在 $X_l$ 上的电压降又必须和 $\dot{I}_2$ 在相位上差 $90°$，即向量 $\dot{I}_2$ 与 $\dot{I}_2 X_l$ 相垂直。

　　下面分析如何改变无功潮流来保持电压 $V_2$ 大小不变，已知

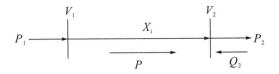

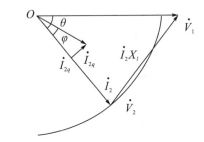

图 5－3　$V_1$ 和 $V_2$ 都恒定时的向量图

$$\dot{I}_2 = \frac{\dot{V}_1 - \dot{V}_2}{jX_l}$$

因此，送到母线 2 的功率 $S_2$ 为

$$S_2 = P_2 + jQ_2 = \dot{V}_2 \overset{*}{\dot{I}}_2 = \dot{V}_2 \left( \frac{V_1 - V_2}{jX_l} \right)^*$$

$$= \frac{\dot{V}_2 \overset{*}{\dot{V}}_1 - \dot{V}_2 \overset{*}{\dot{V}}_2}{-jX_l} = \frac{\dot{V}_1 \dot{V}_2 \angle (-\theta) - V_2^2}{-jX_l}$$

所以

$$S_2 = \frac{V_1 V_2 \angle (90° - \theta) - jV_2^2}{X_l} = P + jQ_2 \qquad (5-14)$$

于是可得

$$P = P_2 = \frac{V_1 V_2}{X_l} \cos(90° - \theta) = \frac{V_1 V_2}{X_l} \sin \theta \qquad (5-15)$$

$$Q_2 = \frac{V_1 V_2}{X_l} \sin(90° - \theta) - \frac{V_2^2}{X_l} = \frac{V_1 V_2}{X_l} \cos \theta - \frac{V_2^2}{X_l} \qquad (5-16)$$

同样的方法可以得到

$$P_1 = P = \frac{V_1 V_2}{X_l} \sin \theta \qquad (5-17)$$

$$Q_1 = \frac{V_1^2}{X_l} - \frac{V_1 V_2}{X_l} \cos \theta \qquad (5-18)$$

现在来研究无功潮流和电压的关系，由式（5－16）可得

$$Q_2 = \frac{V_1 V_2}{X_l} \cos \theta - \frac{V_2^2}{X_l} = \frac{V_2}{X_l} (V_1 \cos \theta - V_2) \qquad (5-19)$$

当线路输送的有功功率增加时，$\theta$ 角增大。函数 $\cos \theta$ 值减小，在临界情况下

$$V_1 \cos \theta - V_2 = 0$$

如果

$$V_1 = 1.05 V_e$$

和

$$V_2 = 0.95V_e$$

则

$$1.05V_e \cos\theta_K - 0.95V_e = 0$$

所以

$$\cos\theta_K = 0.95/1.05$$
$$\theta_K = 25.2° \tag{5-20}$$

此时传送的有功功率为

$$P_K = \frac{V_1 V_2}{X_l}\sin\theta = \frac{1.05 \times 0.95V_e^2}{X_l}\sin 25.2 = 0.42\frac{V_e^2}{X_l}$$

为了保持 $V_2$ 的大小不变，于是可以得出以下结论：

（1）对于一定的电压值 $V_1$ 和 $V_2$，可以算得一相应的临界角度 $\theta_K$。

（2）线路输送有功功率为 $P$ 时，对应的 $\theta$ 如果小于 $\theta_K$，线路向母线 2 送感性无功功率 $Q_2$。输送的 $P$ 增加，则 $Q_2$ 减少，当输送有功功率为 $P_K$ 对应的角度为 $\theta_K$ 时，$Q_2$ 为 0。

（3）继续增大输送有功功率，$Q_2$ 变为负，即需要由母线 2 向线路送感性无功功率来维持电压 $V_2$，而这一无功功率随输送有功功率的增加而增加。

为了控制母线 2 的电压不变或基本不变，必须有一能控制电压的无功功率电源，因此，线路的送端和受端的无功功率大小和方向都可能不同。二者之差为线路电感上的无功功率损耗，即

$$Q_{\text{Loss}} = Q_1 - Q_2 \tag{5-21}$$

通常，定义线路的平均无功潮流为

$$Q_{12} \triangleq \frac{Q_1 + Q_2}{2}$$

把式（5-18）和式（5-19）代入上式后，可得

$$Q_{12} = \frac{V_1^2 - V_2^2}{2X_l} \tag{5-22}$$

当 $V_1 > V_2$ 时，无功功率从母线 1 流向母线 2，$Q_{12}$ 为正。但当 $V_1 < V_2$ 时，则无功功率从母线 2 流向母线 1。但是当 $V_1 = V_2$ 时，则 $Q_{12} = 0$，有

$$Q_1 = -Q_2 = \frac{V_1^2}{X_l}(1 - \cos\theta) \tag{5-23}$$

这表示有相同大小的无功功率从母线 1 和母线 2 都流向线路，供给线路的无功损耗，显然，负荷需要的无功功率就不能由线路输送，而要由当地无功电源供给。

通过上面的分析可知，等式约束条件中的无功功率条件和不等式约束中的电压范围的条件之间有着密切的关系，对于输电线路来说，有功功率平衡条件和无功功率平衡条件间也有着一定的关系。所以，了解它们之间的关系，对于电力系统运行的调度控制具有理论上的指导意义。

# 第二节 电压运行的极限

电力系统在正常运行时，必须满足有功功率和无功功率随时应保持发用平衡的条件，见式（5-1）和（5-2），但是这两个平衡条件，并不能认为是独立的，而是在一定的条件下才能成立。因为在系统结构一定时，要输送一定的有功功率，必须要输送相适应的无功功率，才能保证系统各母线的电压水平。在实际的运行调度中，不可能只考虑有功功率的发用平衡，而不管无功功率的平衡，而无功功率的平衡具体又反映在母线电压的稳定上。无功功率不能达到平衡，某些母线电压不断变化，严重时，电压将会下降，超过极限范围，系统要出现电压崩溃的现象。所以，在电力系统的运行调度工作中，必须要分析和掌握这种互相依存的关系。

通常，负荷都是一些非线性的元件，它们的等值阻抗随端电压的变化而变化，它们取用的有功和无功功率，也随端电压的变化而变化。图 5-4 表示母线所接综合负荷 $P_L$ 和 $Q_L$ 随电压变化的关系。图（a）为有功功率 $P_L$ 随端电压变化的关系，图（b）为无功功率 $Q_L$ 随端电压变化的关系，这两种关系通常称为负荷的静态特性。

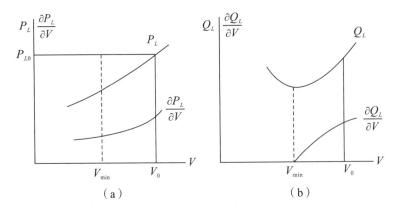

图 5-4 负荷的有功功率和无功功率的静态特性

在运行过程中，负荷经常会有波动和变化，因而系统的频率和电压也有小的波动和变化。当系统的频率和端电压都变化时，负荷功率的变化为：

$$\begin{cases} \Delta P_L = \dfrac{\partial P_L}{\partial f}\Delta f + \dfrac{\partial P_L}{\partial V}\Delta V \\ \Delta Q_L = \dfrac{\partial Q_L}{\partial f}\Delta f + \dfrac{\partial Q_L}{\partial V}\Delta V \end{cases} \tag{5-24}$$

式中：$\dfrac{\partial P_L}{\partial f}$，$\dfrac{\partial Q_L}{\partial f}$ 分别被称为负荷的有功功率和无功功率对频率的调节效应；

$\dfrac{\partial P_L}{\partial V}$，$\dfrac{\partial Q_L}{\partial V}$ 分别被称为负荷的有功功率和无功功率对电压的调节效应。

从图 5-4(b) 可以看出，负荷的无功功率 $Q_L$ 随电压 $V$ 的变化曲线 $Q_L = f(V)$ 有一最低点，对应于电压的 $V_{\min}$。这一最低电压相当于负荷中大量电动机的停顿电压，当负荷的端电压再低于 $V_{\min}$ 时，系统中电动机逐渐停顿，电机的线圈系感性，将吸收更多的无功功率。所以，负荷的端电压不能低于 $V_{\min}$。在实际运行中，不管负荷如何变化，应该努力实现这一条件。许多电力系统在一般情况下，要实现这一条件也较容易。

负荷变化以后，例如负荷的无功功率增加 $\Delta Q_L$，必须由系统供给，系统提供 $\Delta Q_L$ 后，负荷端电压要降低。电压降低的大小对系统正常运行有着重要的影响，所以，必须要有一定的分析。

图 5-5(a) 表示几个发电厂向负荷节点 $K$ 供电，整个系统除节点 $K$ 的负荷外，可以用一等效电势 $E_{eq}$ 和等效阻抗 $Z_{eq}$，以及等效负荷 $P'_L$，$Q'_L$ 来近似代替。于是便可以求得系统送到节点 $K$ 的无功功率为

$$Q_K = Y_{eq}V^2\cos\alpha - Y_{eq}E_{eq}V\cos(\theta_0 - \alpha) \qquad (5-25)$$

式中：$Y_{eq}$ 为等值导纳。

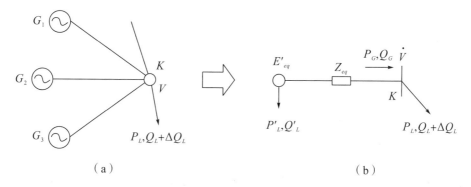

（a） （b）

图 5-5　系统中无功功率与电压变化的分析

当输送的有功功率一定时，则 $\theta_0$ 为一常数，所以 $Q$ 只和 $V$ 的变化有关。

如果把系统能送到节点 $K$ 的无功功率 $Q_K$ 与负荷取用的无功功率 $Q_L$ 画在同一的 $Q-V$ 坐标上，则得图 5-6 所示的曲线。

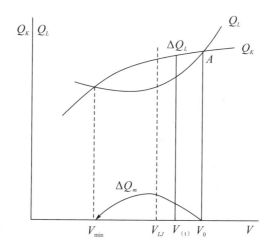

图 5-6　无功功率平衡时的电压变化

在原来的运行情况时，负荷取用的无功功率 $Q_L$ 和系统送来的无功功率 $Q_K$ 相等，

系统运行在两曲线相交的 $A$ 点，此时，节点电压即负荷端电压为 $V_0$。负荷的无功功率增加一 $\Delta Q_L$ 后，节点电压下降到 $V_{(1)}$，此时，原来的负荷因为电压下降，无功功率要减少，而与系统送来的无功功率间有一差值 $\Delta Q_L$，正好与负荷无功功率增加量相平衡，则电压就稳定在 $V_{(1)}$ 值，设

$$\Delta Q = Q_K - Q_L$$

$\Delta Q$ 也随电压 $V$ 而变化，它的变化关系，另画在图 5-6 中，曲线 $\Delta Q$ 有一最大值 $\Delta Q_m$，如果负荷增加的无功功率 $\Delta Q$ 超过 $\Delta Q_m$，则系统节点电压将要不断下降，节点电压不能稳定在可运行的数值上，于是电压不等式的约束条件遭到破坏。

要保证电压的不等式约束条件能成立，必须要增大系统供给的无功功率 $Q_K$，具体有两种方法：一是增大电势 $E_{eq}$，即增加发电机的励磁；二是在节点 $K$ 装设无功功率电源，如静电电容器或同步补偿机。当 $Q_L$ 增加 $\Delta Q_L$ 后，电压要求维持在 $V_K$，则等值电势 $E_{eq}$ 应为

$$E'_{eq} = V_K + IZ_{eq} = V_K + \frac{P_L R_{eq} + (Q_L + \Delta Q_L)X_{eq}}{V_K} + j\frac{P_L X_{eq} - (Q_L + \Delta Q_L)R_{eq}}{V_K}$$

$$(5-26)$$

上式以电压 $V_K$ 为参考轴。

如果电势 $E_{eq}$ 保持不变，电压要求为 $V_K$，则可以投入无功电源 $Q_C$，使下式成立：

$$E_{eq} = V_K + \frac{P_L R_{eq} + (Q_L + \Delta Q_L - Q_C)X_{eq}}{V_K} + j\frac{P_L X_{eq} - (Q_L + \Delta Q_L - Q_C)R_{eq}}{V_K}$$

值得注意的是，正如前一节所述，系统的负荷随时在变化，负荷的变化速度有时很快。因此，系统的电压应该有一允许的变化范围来适应负荷的变化。在这一电压变化范围内，当负荷一定时，它的端电压就应该有一相应的稳定值。在图 5-6 中的 $\Delta Q$ 曲线，最大值为 $\Delta Q_m$ 的两侧的两个区域，有着不同的运行特性。最大值 $\Delta Q_m$ 所对应的电压 $V_{LJ}$ 称为临界电压。在高于临界电压的区域，只要负荷增加的 $\Delta Q < \Delta Q_m$，都可以得到一稳定的运行电压，使

$$\Delta Q = \Delta Q_L \qquad (5-27)$$

$\Delta Q_L$ 减少，运行电压 $V$ 增加，$\Delta Q_L$ 增大，运行电压 $V$ 降低，但是不会低于临界电压。在低于临界电压 $V_{LJ}$ 的 $\Delta Q$ 曲线区域则是一个不稳定的区域。在这个区域，不可能存在一稳定的运行点，因为在这个区域 $\Delta Q$ 增加，要求端电压 $V$ 增加，如果不用控制设备及时地反应负荷无功的变化，以增加发电机的电势或投入电容器，这就不可能实现。由于系统接有的负荷节点很多，变化很快，不可能有这种控制设备，因此，系统应该运行在高于临界电压 $V_{LJ}$ 的稳定区。这区域的特征是

$$\frac{d(Q_K - Q_L)}{dV} = \frac{d(\Delta Q)}{dV} < 0 \qquad (5-28)$$

为了判断系统负荷节点的电压稳定区，对于图 5-5(b) 的等值系统，也可以采用下式

$$V = \sqrt{\left(\frac{E_{eq}^2 - P_G R_{eq} - Q_G X_{eq}}{E_{eq}}\right)^2 + \left(\frac{P_G X_{eq} - Q_G R_{eq}}{E_{eq}}\right)^2} \qquad (5-29)$$

$P_L$ 和 $Q_L$ 一定时，上式给出电压 $V$ 和 $E_{eq}$ 间的关系，如图 5－7 所示，这一 $V$－$E$ 曲线也有临界点 2。正常情况运行在 0 点（$V_0$，$E_0$），当无功负荷增加时，$E_0$ 不变，电压下降 $V_0'$。如果无功负荷 $Q_L$ 不变，则 $E$ 改变，$V$ 就沿曲线 0—1—2 稳定的改变，所以，$V$－$E$ 曲线的 0—1—2 区域为稳定区域，其特征为

$$\frac{\mathrm{d}V}{\mathrm{d}E_{eq}} > 0 \tag{5-30}$$

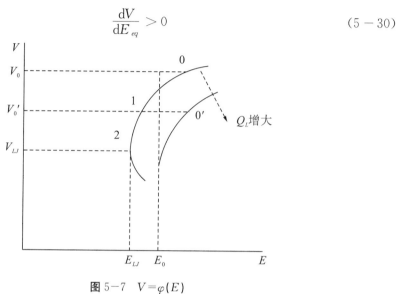

图 5－7　$V = \varphi(E)$

上述的决定电压稳定条件的方法，一方面可以用来了解有关的概念；另一方面对于一些简单的电力系统，即电源数和负荷数较少的电力系统，可以用来分析系统的电压稳定区域。对于复杂而且规模很大的电力系统，通常没有简便的方法，可以使用以网络方程如导纳矩阵方程 $YV = I$ 为基础，逐步改变各负荷节点的无功负荷，即改变上式右边负荷节点的注入电流的无功分量，然后求解相应节点电压。利用 $\frac{\mathrm{d}Q}{\mathrm{d}V}$ 判据来决定电压稳定区域，即电压的不等式约束条件，这种方法计算工作量较大。

在复杂电力系统中，也可以采用 $\frac{\mathrm{d}V}{\mathrm{d}E}$ 判据。若发电机数为 $N_G$，负荷数为 $N_L$，则可以用

$$\frac{\mathrm{d}V_j}{\mathrm{d}E_i} > 0, \forall i = 1, 2, \cdots, N_G, j = 1, 2, \cdots, N_L \tag{5-31}$$

在正常运行情况下，各负荷节点的电压必须大于该节点的临界电压 $V_{LJ}$，图 5－7 中的 $V$－$E$ 曲线的 2 点所对应的电压，即图 5－6 中 $\Delta Q_m$ 为最大时所对应的电压应满足

$$V_i > V_{iLJ}$$

并且应该有一定的储备范围，通常用储备系数 $K_V$ 来表示：

$$K_{V_i} = \frac{V_i - V_{iLJ}}{V_i}, \forall i = 1, 2, \cdots, N_L \tag{5-32}$$

$K_V$ 大小的选择，各系统有所不同。在正常运行情况下，一般定为 10% 以上。在事故后的恢复状态，可以允许在 5% 以上。

由此可见，各负荷节点临界电压的决定是一重要的问题。对于比较复杂的大规模电力系统，除了继续研究简化的计算方法外，实际运行经验的总结也是很重要的。

例：某一等值的电力系统，如图 5-5(b)，用标幺值表示时有 $X_{eq}=0.26$，$R_{eq}=0$，$V=1.0$，$P_G=P=1.0$，$Q_G=Q=0.6$，求：$\dfrac{dV}{dE}$ 为多少？

解：

$$\frac{PX_{eq}}{V} = \frac{1 \times 0.26}{1} = 0.26$$

因为

$$\frac{PX_{eq}}{V} << V + \frac{QX_{eq}}{V}$$

可取

$$E = V + \frac{QX_{eq}}{V}$$

于是

$$\frac{dV}{dE} = \frac{1}{1 - QX_{eq}V^{-2}} = \frac{1}{1 - 0.6 \times 0.26 \times 1^{-2}} = 1.185$$

# 第三节　长距离输电线的运行电压

输电线路是构成电力系统电力传输的大动脉，采用高压大容量长距离的输电线路，可以把远区的动力资源输送到负荷中心，或从一个区域输送到另一个区域。高压输电从技术上和经济上都有着许多优点，因此，现在的电力系统一般都具有长距离的高压输电线路。

长距离高压输电线路本身的参数有如下特点：

（1）线路的距离长，线路的串联阻抗和并联的容纳都随线路长度成正比增加。

（2）线路的阻抗和容纳都是分布参数，线路长度增加以后，分布参数性质引起线路各点的电压与集中有所不同。

首先分析分布参数性质的处理方法，图 5-8 表示线路的一段线路元的等值图，它的串联阻抗为：

$$dZ = (R + j\omega L)dX$$

而并联导纳为

$$dY = (G + j\omega C)dX$$

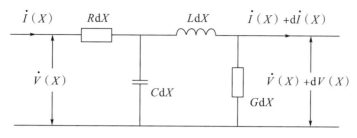

图 5-8　线路元等值图

则根据图 5-8 可以得到线路元的电压和电流方程式为

$$\begin{cases} \dot{V}(X) - [\dot{V}(X) + \mathrm{d}\dot{V}(X)] = \dot{I}(X)\mathrm{d}\dot{Z} \\ \dot{I}(X) - [\dot{I}(X) + \mathrm{d}\dot{I}] = \dot{V}(X)\mathrm{d}Y \end{cases} \tag{5-33}$$

化简并考虑 d$Z$ 和 d$Y$ 的组成后，有

$$\begin{cases} \mathrm{d}\dot{V}(X) = -\dot{I}(X)(R + \mathrm{j}\omega L)\mathrm{d}X \\ \mathrm{d}\dot{I}(X) = -\dot{V}(X)(G + \mathrm{j}\omega C)\mathrm{d}X \end{cases} \tag{5-34}$$

将上式用分离变量法处理后，可得

$$\begin{cases} \dfrac{\mathrm{d}^2\dot{V}(X)}{\mathrm{d}X^2} = (R + \mathrm{j}\omega L)(G + \mathrm{j}\omega C)\dot{V}(X) \\ \dfrac{\mathrm{d}^2\dot{I}(X)}{\mathrm{d}X^2} = (R + \mathrm{j}\omega L)(G + \mathrm{j}\omega C)\dot{I} \end{cases} \tag{5-35}$$

如令

$$\dot{\gamma} \triangleq \sqrt{(R + \mathrm{j}\omega L)(G + \mathrm{j}\omega C)} \tag{5-36}$$

$\gamma$ 称为传播常数，因次为 $m^{-1}$。于是式（5-35）简化为

$$\begin{cases} \dfrac{\mathrm{d}^2\dot{V}(X)}{\mathrm{d}X^2} = \dot{\gamma}^2\dot{V} \\ \dfrac{\mathrm{d}^2\dot{I}(X)}{\mathrm{d}X^2} = \dot{\gamma}^2\dot{I} \end{cases} \tag{5-37}$$

上两式对变量 $\dot{V}$ 和 $\dot{I}$ 积分以后，则得

$$\begin{cases} \dot{V}(X) = A\cos h\dot{\gamma}X + B\sin h\dot{\gamma}X \\ \dot{I}(X) = C\cos h\dot{\gamma}X + D\sin h\dot{\gamma}X \end{cases} \tag{5-38}$$

上式中 $A$、$B$、$C$ 和 $D$ 为积分常数，当 $X = 0$ 时，$V(0)$ 和 $I(0)$ 分别为线路的始端电压和电流，所以有

$$\begin{cases} \dot{V}(0) = A \cdot 1 + B \cdot 0 \\ \dot{I}(0) = C \cdot 1 + D \cdot 0 \end{cases}$$

因此

$$\begin{cases} A = \dot{V}(0) \\ C = \dot{I}(0) \end{cases}$$

把式（5-38）代入式（5-34），并令 $X = 0$，则有

$$\begin{cases} B = -\dot{Z}_\lambda \dot{I}(0) \\ D = -\dfrac{\dot{V}(0)}{Z_\lambda} \end{cases} \qquad (5-39)$$

这里 $\dot{Z}_\lambda = \sqrt{\dfrac{R+j\omega L}{G+j\omega C}}$ 称为波阻抗，因次为 $\Omega$。

考虑 $A$、$B$、$C$、$D$ 积分常数以后，式（5-38）成为

$$\begin{cases} \dot{V}(X) = \dot{V}(0)\cos h\dot{\gamma}X - Z_\lambda \dot{I}(0)\sin h\dot{\gamma}X \\ \dot{I}(X) = \dot{I}(0)\cos h\dot{\gamma}X - \dfrac{\dot{V}(0)}{\dot{Z}_\lambda}\sin h\dot{\gamma}X \end{cases} \qquad (5-40)$$

现在，用一 π 形等值网络（图 5-9）来表示上述方程，并求等值网络的参数。用这种等值网络求参数的方法，是在实际设计和运行计算工作中经常使用的方法。它的优点是：

第一，将分布参数进行集中处理；

第二，便于将长距离输电线的等值和全电网统一处理；

第三，容易分析线路的运行情况。

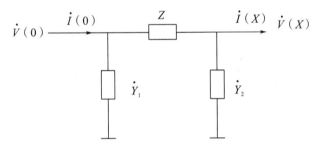

图 5-9 长距离输电线的等值网络

从等值图可以求得下列关系：

$$\dot{V}(X) = \dot{V}(0) - \dot{Z}[\dot{I}(0) - \dot{Y}_1 \dot{V}(0)] = \dot{V}(0)(1+\dot{Z}\dot{Y}_1) - \dot{Z}\dot{I}(0)$$

以及

$$\dot{I}(X) = \dot{I}(0) - \dot{Y}_1 \dot{V}(0) - \dot{Y}_2 \dot{V}(X) = \dot{I}(0)(1+\dot{Z}\dot{Y}_2) - \dot{V}(0)(\dot{Y}_1 + \dot{Y}_2 + \dot{Z}\dot{Y}_1\dot{Y}_2)$$

把上两式和式（5-40）进行比较后，可得

$$1 + \dot{Z}\dot{Y}_1 = 1 + \dot{Z}\dot{Y}_2 = \cos h\dot{\gamma}X$$

$$\dot{Z} = \dot{Z}_\lambda \sin h\dot{\gamma}X$$

$$\dot{Y}_1 + \dot{Y}_2 + \dot{Z}\dot{Y}_1\dot{Y}_2 = \frac{1}{\dot{Z}_\lambda}\sin h\dot{\gamma}X$$

于是，便得到

$$\begin{cases} Z = Z_\lambda \sin h\dot{\gamma}X \\ \dot{Y}_1 = \dot{Y}_2 = \dfrac{1}{\dot{Z}_\lambda}\dfrac{\cos h\dot{\gamma}X - 1}{\sin h\dot{\gamma}X} = \dfrac{1}{\dot{Z}_\lambda}\tan h\dfrac{\dot{\gamma}X}{2} \end{cases} \qquad (5-41)$$

例如，有一 $300\text{km}$ 的输电线路：

$$L = 1.33 \times 10^{-8}\,\text{H/m}$$
$$C = 8.86 \times 10^{-12}\,\text{F/m}$$
$$R = 0.93 \times 10^{-4}\,\Omega/\text{m}$$

而

$$G = 0$$

则

$$\dot{\gamma} = \sqrt{(R + j\omega L)(G + j\omega C)}$$
$$= (0.118 + j1.30) \times 10^{-6}\,\text{m}^{-1}$$

和

$$\dot{Z}_\lambda = \sqrt{\frac{R + j\omega L}{G + j\omega C}} = 389 - j36.1\,\Omega$$
$$\sin h\dot{\gamma}X = 0.327 + j0.38$$
$$\cos \dot{\gamma}X = 0.925 + j0.013\,4$$

于是

$$\dot{Z} = (389 - j36.1)(0.032\,7 + j0.38) = 26.4 + j146.4\,\Omega$$
$$\dot{Y}_1 = \dot{Y}_2 = \frac{0.925 + j0.013\,4 - 1}{(389 - j36.1)(0.032\,7 + j0.38)} = j5.11 \times 10^{-4}\,\Omega^{-1}$$

一般高压输电线路的电阻 $R$ 很小，电导 $G$ 也很小，所以

$$R \doteq 0 \text{ 和 } G \doteq 0$$

于是便有

$$\dot{\gamma} = j\beta = j\omega\sqrt{LC}$$

和

$$\dot{Z}_\lambda = R_\lambda = \sqrt{\frac{L}{C}}$$

架空高压输电线路，可使

$$R_\lambda = 400\,\Omega$$

和

$$\dot{\gamma} = j1.3 \times 10^{-6}\,\text{m}^{-1}$$

现在来分析等值阻抗 $Z$ 和导纳 $Y$ 的情况

$$\dot{Z} = \dot{Z}_\lambda \sin h\dot{\gamma}X = \sqrt{\frac{L}{C}}\,j\sin\beta X$$
$$\dot{Y}_1 = \dot{Y}_2 = j\sqrt{\frac{C}{L}}\tan h\left(\frac{1}{2}\beta X\right)$$

当 $\beta X < 0.25$，此时 $X < 200 \sim 300$

则有

$$\begin{cases} \dot{Z} = \sqrt{\dfrac{L}{C}} \mathrm{j}\beta X = \sqrt{\dfrac{L}{C}} \mathrm{j}\omega \sqrt{LC} X = \mathrm{j}\omega LX \\ \dot{Y}_1 = \dot{Y}_2 = \mathrm{j}\sqrt{\dfrac{C}{L}} \dfrac{1}{2}\beta X = \mathrm{j}\sqrt{\dfrac{C}{L}} \dfrac{1}{2}\omega \sqrt{LC} X = \mathrm{j}\dfrac{\omega CX}{2} \end{cases} \quad (5-42)$$

由此可知，线路长度小于 $200\sim300\mathrm{km}$，可以不计分布参数的影响，通常可以用式 $(5-41)$ 计算。当线路很长时，也可以把线路分成小于 $200\sim300\mathrm{km}$ 的几段，各段都可以不计分布参数的影响，每段用一等值 π 形网络来代替。

长距离输电的容纳 $Y_1$ 和 $Y_2$ 很大。如果不考虑分布参数的影响，只把全长线路的容纳，即单位长度的容纳乘以线路长度分为二部分，放在 π 形等值网络的送端和受端，如图 $5-9$ 所示，作为线路的参数来计算运行参数如电压和电流，将和实际运行参数有一定的误差，这就影响不等式约束条件的准确性。长距离输电线路在轻载或空载时，运行电压将会上升很多，有时会击穿送变电设备及电压互感器绝缘，形成对地短路而停电，使系统的正常状态遭到破坏，为此，必须特别注意。现在进行分析，参看图 $5-10$。

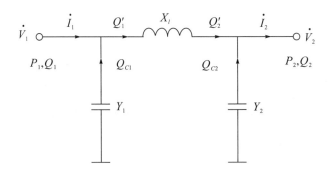

图 $5-10$　长距离输电线的运行情况

长距离输电线路通常的电阻与电感抗相比很少，一般可以不计，则送端和受端的有功功率为

$$P_1 = P_2 = \frac{V_1 V_2}{X_l} \sin \theta \quad (5-43)$$

在轻载时，$P_1$ 和 $P_2$ 很小，因而 $\theta$ 很小；空载时，$\theta \to 0$。

线路输送的无功功率，按图 $5-10$ 计算，则通过 $X$ 的送端和受端的无功功率分别为

$$Q_1' = \frac{1}{X_l}(V_1^2 - V_1 V_2 \cos \theta) \quad (5-44)$$

和

$$Q_2' = \frac{1}{X_l}(V_1 V_2 \cos \theta - V_2^2) \quad (5-45)$$

在空载时，$\theta \to 0$，因而 $\cos \theta = 1.0$。在这种情况下，$Q_2'$ 应和受端 $Y_2$ 产生的无功功率 $Q_{c2}$ 大小相等，方向相反。于是由式 $(5-45)$ 可以得出

$$-Q_{c2} = \frac{1}{X_l}(V_1 V_2 - V_2^2)$$

即

$$V_2^2 - V_1 V_2 - X_l Q_{c2} = 0$$

则

$$V_2 = \frac{V_1 \pm \sqrt{V_1^2 + 4X_l Q_{c2}}}{2}$$

将上式求解可见，因为 $X_l$ 和 $Q_{c2}$ 都较大，当 $V_1$ 为额定电压 $V_e$ 时，则 $V_2$ 可达到 $1.3V_e$ 以上。所以，在正常情况下，应该采取一定措施，防止长距离输电线因轻载或空载使受端电压上升超过极限值，而破坏电压不等式的约束条件

$$V_{2\max} \geqslant V_2 \qquad (5-46)$$

造成电器设备绝缘击穿，形成短路，致使系统转入紧急状态，这可以要求满足

$$P > P_{\min} \qquad (5-47)$$

从以上可以得出：对未加专门控制的母线，必须在运行过程中监视这些母线的电压，从调度上满足如下的不等式约束条件，即

$$V_{\min} \leqslant V \leqslant V_{\max} \qquad (5-48)$$

用 $R^U$ 表示电压约束的安全范围，则

$$R^U \triangleq \{V : V_{\min} \leqslant V \leqslant V_{\max}\} \qquad (5-49)$$

式中：$\boldsymbol{V} = \{V_1, V_2, \cdots, V_N\}$。

# 第四节　电流和功率极限

电力系统的主要设备为发电机、变压器和线路，这些设备分别都有一个基本的容量限制。这一容量限制是由于电流太大，将会因为它的热效应而使设备损坏，这种最大的发热容许的电流，当环境温度一定时，其值一定。对于发电机和变压器，由于它们的运行环境可以人为控制，有冷却散热设备，因而它们的最大发热容许电流 $I_{\max}$ 基本上为一定值。所以在实际运行时的电流 $I$ 应该小于 $I_{\max}$，即

$$I \leqslant I_{\max} \qquad (5-50)$$

但是对于输电线路来说，主要是因架空线路架设在大气环境中，一年四季温度变化较大，从冬天的 $0\,℃$ 以下变化到夏天的 $30\,℃$ 以上，随地区而有很大的不同。因此，影响了导线的散热情况。于是最大发热容许电流一年四季也在变化。通常以 $15\,℃$ 为基础来看，一年中可能变化 $\pm20\,℃$ 以上，冬季 $I_{\max}$ 的数值大，夏季 $I_{\max}$ 的数值小。

系统各设备流过的电流和功率有着密切的关系，当运行电压一定时，一定的电流就对应着一定的功率。在实际运行中，系统的功率极限并不只是由最大的发热容许电流所决定，还有很多其他的因素，其中主要的是电力系统稳定运行所决定的功率极限。对系统稳定的功率极限，一般分为静稳定极限和动稳定极限。当系统传送的功率接近静稳定极限时，系统中的微小扰动和干扰，都可能使系统的运行受到破坏，因此，系统元件输送的功率 $P_0$ 应小于静稳极限值 $P_{mJ}$，即

$$P_0 < P_{mJ} \qquad (5-51)$$

系统的动稳定极限 $P_{mD}$ 常常不和静稳定极限的数值相一致，一般低于静稳定极限，值得注意的是，得到的动稳定极限有一定的前提条件，如受到大的干扰的形式不同，动稳定极限也有较大的差别。一般说来，系统元件输送的功率也应小于动稳定的极限 $P_{mD}$，即

$$P_0 < P_{mD} \qquad (5-52)$$

从上面的分析可以看出，电力系统正常运行情况下，要定出它的电流和功率不等式约束条件是一项细致的工作。有人认为从安全情况出发，可以在各种因素决定的各种功率极限中选择最小的一种作为约束条件。这虽然是一种可靠的办法，但是从技术经济观点来看，有时也有例外。如在动稳定的功率极限低于静稳定功率极限的情况下，在冬天或晴天，雷电不可能发生，系统短路的可能性很少时，就可以在这种时候不采用动稳定，而采用静稳定极限，作为不等式的约束条件。因而决定各元件的功率不等式约束条件是一项综合性和决策性的任务。

设连接母线 $i$ 和 $j$ 支路的电流为 $I_{ij}$，可以表示为

$$\dot{I}_{ij} = -\dot{Y}_{ij}(\dot{V}_i - \dot{V}_j) \qquad (5-53)$$

在通常的高压电力网络，$G_{ij}$ 较 $B_{ij}$ 小许多，即

$$B_{ij} >> G_{ij}$$

于是 $Y_{ij}$ 可以用 $jB_{ij}$ 来代替。在图 5-11 中，向量 $\dot{V}_i$ 和 $\dot{V}_j$ 大小相差不多，而且它们之间的相角差

$$\theta_{ij} = \theta_i - \theta_j$$

对一般支路也不大，这样

$$\dot{V}_i - \dot{V}_j = \dot{V}_{ij} = jV_i\theta_{ij}$$

由此可得

$$\dot{I}_{ij} \doteq -jB_{ij}(jV_i\theta_{ij}) = B_{ij}V_i\theta_{ij}$$

所以，对于支路电流的不等式约束条件则可写为

$$I_{ij}^{\max} \geqslant B_{ij}V_i^{\max}\theta_{ij}$$

因而

$$\theta_{ij} \leqslant \frac{I_{ij}^{\max}}{B_{ij}V_i^{\max}} \triangleq \psi_{ij}^m \qquad (5-54)$$

如果以 $\boldsymbol{\theta} = [\theta_{12}, \theta_{13}\cdots\cdots]^T$ 表示支路两端相角差的向量，$\boldsymbol{\psi} = [\psi_{12}^m, \psi_{13}^m\cdots\cdots]^T$ 表示支路电流的约束条件，则安全范围 $R_\theta$ 从电流方面考虑可以表示为

$$R_\theta^I \triangleq \{\theta : \psi \geqslant \theta\} \qquad (5-55)$$

当支路的约束条件用有功功率表示时，在上述假设条件下，已知

$$P_{ij} = \frac{V_iV_j}{X_{ij}}\sin\theta_{ij} \doteq B_{ij}V_iV_j\theta_{ij}$$

所以，如功率极限为 $P_{ij}^{\max}$，则有

$$P_{ij}^{\max} \geqslant B_{ij}V_i^{\max}V_j^{\max}\theta_{ij}$$

因而也有

$$\theta_{ij} \leqslant \frac{P_{ij}^{\max}}{B_{ij} V_i^{\max} V_j^{\max}} \triangleq \varphi_{ij}^m$$

则安全范围 $R_\theta$ 从功率考虑又可表示成

$$R_\theta^p \triangleq \{\theta : \varphi \geqslant \theta\} \tag{5-56}$$

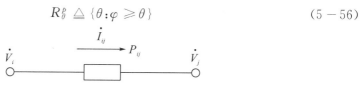

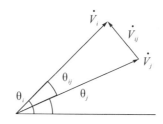

图 5-11　支路电流和端电压

在实际计算时，一般都知道各母线或各节点电压对参考点的相角，如 $\theta_i$ 和 $\theta_j$ 等。为了表示清楚，将此相角改用 $\delta_i$ 和 $\delta_j$ 表示。在已知网络的节点支路关联矩阵 $T_{TL}$ 后，可以得到

$$\theta = T_{TL}\delta$$

因而式（5-55）和式（5-56）可以改写为

$$R_\delta^I \triangleq \{\delta : \psi \geqslant T_{TL}\delta\} \tag{5-57}$$

和

$$R_\delta^P \triangleq \{\delta : \varphi \geqslant T_{TL}\delta\} \tag{5-58}$$

对于发电机来说，由于原动机和发电机的运行特点，除了有最大功率限制以外，还有最小功率限制，所以可以表示成

$$R^p \triangleq \{(V,\delta) : P^{\min} \leqslant P(V,\delta) \leqslant P^{\max}\} \tag{5-59}$$

$$R^q \triangleq \{(V,\delta) : Q^{\min} \leqslant Q(V,\delta) \leqslant Q^{\max}\} \tag{5-60}$$

# 第五节　电力系统的安全分析

电力系统在正常运行情况下要求系统随时满足各种等式和不等式的约束条件。为此，调度工作中的安全分析，就要求对系统是否满足这些条件，从性质和数值上进行分析和掌握，并采取相应的措施，使系统能安全地运行，不致进入告警或紧急状态。系统运行的安全分析，是在当时已定的负荷情况和各发电厂安排的出力情况下，假定系统个别元件发生故障，分析其余所有元件是否运行在安全约束条件以内，有多大的储备。要进行这一工作，可以在调度控制中心的计算机上，根据已知的负荷和发电安排进行潮流

计算，求出各支路的潮流和电压，进行安全校核，看有关约束条件是否满足。由于在线计算要求实时，所以对计算的速度有要求。过去一些方法是采用直流法计算潮流，但这种方法难于计算各母线的电压是否满足约束条件；现在大都将 $P-Q$ 分解法计算潮流用作安全分析，以求得比较满意的结果，但计算时间较长。

设电力系统有 $N_T$ 个母线，即节点。计算的基础是从节点导纳矩阵 $\boldsymbol{Y}$ 出发，作适当处理。

设第 $ij$ 个元素

$$\dot{\boldsymbol{Y}}_{ij} = G_{ij} + jB_{ij}, i \neq j$$

第 $ii$ 个元素为

$$\dot{\boldsymbol{Y}}_{ii} = G_{ii} + jB_{ii}$$

而在一般情况下：

$$G_{ii} > 0, B_{ii} < 0$$
$$G_{ij} \leqslant 0, B_{ij} \geqslant 0$$

并有

$$B_{ii} \geqslant \sum_{\substack{j=1 \\ i \neq j}}^{N_T} B_{ij}$$

和

$$G_{ii} \geqslant \sum_{\substack{j=1 \\ i \neq j}}^{N_T} |G_{ij}|$$

再设 $\dot{S}_i = P_i + jQ_i$ 为母线 $i$ 的注入功率，则

$$\dot{S} = \dot{V}^* Y \dot{V} \tag{5-61}$$

式中：$\dot{V} = \mathrm{diag}\{\dot{V}_1, \dot{V}_2, \cdots, \dot{V}_{N_T}\}$ 为母线电压的对角矩阵。

正如潮流计算一样，通常接有负荷的母线，注入的有功和无功功率为定值，通常称为 $P-Q$ 母线。选一发电机母线为参考母线，它的电压的大小和相角为规定值，而它的注入功率可以改变。其余发电机母线称为 $PV$ 母线，它注入的有功功率 $P$ 和电压 $V$ 的大小为规定值。

式 (5-61) 的实数和虚数部分分开以后，可表示为

$$\begin{cases} \sum_{\substack{j=1 \\ i \neq j}}^{N_T-1} V_i V_j (G_{ij} \cos \theta_{ij} + B_{ij} \sin \theta_{ij}) = P_i, i = 1, 2, \cdots, N_T - 1 \\ \sum_{\substack{j=1 \\ i \neq j}}^{N_T-1} V_i V_j (G_{ij} \sin \theta_{ij} - B_{ij} \cos \theta_{ij}) = Q_i + V_i^2 B_{ii}, i = 1, 2, \cdots, N_F \end{cases} \tag{5-62}$$

式中：$N_F$ 为负荷母线数。

上两式即是潮流方程，式中的 $P_i$ 和 $Q_i$ 为已知，而

$$\boldsymbol{V} = (V_1, V_2, \cdots, V_{N_F})$$
$$\boldsymbol{\theta} = (\theta_1, \theta_2, \cdots, \theta_{N_T-1})$$

为未知待求值，即可简写为

$$f(V,\theta) = h(P,Q) \tag{5-63}$$

为了提高计算速度，可以作一分解简化假设：

第一，如果 $\dfrac{R}{X} < \dfrac{1}{3}$，则可以不计电阻，于是

$$G_{ij} = 0, \forall i, j = 1, 2, \cdots$$

第二，如果 $\dfrac{PX}{V^2} < 0.15$，一般情况都能满足这一条件，于是

$$\sin\theta_{ij} \doteq \theta_{ij}$$
$$\cos\theta_{ij} \doteq 1$$

式（5-62）则可简化为

$$P_i(V,\theta) = V_i\sum_{j=1}^{N_T-1} B_{ij}V_j(\theta_i - \theta_j) = P_i, i = 1, 2, \cdots, N_T - 1$$

和

$$Q_i(V) + V_i^2 B_{ii} = -V_i\sum_{j=1}^{N_T-1} B_{ij}V_j, i = 1, 2, \cdots, N_F$$

把上式用矩阵形式表示为

$$\begin{cases} [B^V]\theta = P \\ -V\}[B]V + [B^F]V^F = Q \} \end{cases} \tag{5-64}$$

式中：$[B^V]$ 为 $(N_T-1)\times(N_T-1)$ 阶矩阵，其元素情况为

$$B_{ii}^V = V_i\Big\{\sum_{\substack{j=1 \\ i\neq j}}^{N_T-1} B_{ij}V_j\Big\}, i = 1, 2, \cdots, N_T - 1$$

$$B_{ij}^V = -V_i B_{ij}V_j, \ i \neq j\, i, j = 1, 2, \cdots, N_T - 1$$

$$P = (P_1, P_2, \cdots, P_{N_T-1})^{\mathrm{T}}$$

$$V = (V_1, V_2, \cdots, V_{N_T-1})^{\mathrm{T}}$$

$[B]$ 是电纳矩阵；

$[B^F]$ 是含母线 $i \in \{1, 2, \cdots, N_F\}$ 和 $j \in \{1, N_F+1, \cdots, N_T-1\}$ 的电纳矩阵。

$$Q = (Q_1, Q_2, \cdots, Q_{N_F})^{\mathrm{T}}$$

所以，式（5-64）即为 $P-Q$ 分解法的一种潮流方程，即等式约束方程。再考虑到

$$V^m \leqslant V \leqslant V^M \tag{5-65}$$

$$R_V \triangleq \{V : V^m \leqslant V \leqslant V^M\} \tag{5-66}$$

进行安全分析的过程如图 5-12 所示。所需的基本数据和信息，一方面来自由遥测系统建立的数据库，另一方面是编定的发电机、变压器和线路依次断开的元件断开安排表。于是安全分析是按照元件断开安排表的顺序，依次进行潮流计算。计算的结果再用前面所述的电压、电流和功率的不等式约束条件进行检验。将结果显示、打印，有重大问题时则报警，提起运行人员的注意。

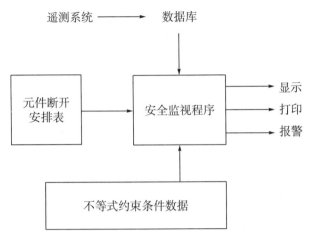

**图 5-12　安全分析的结构**

这种安全分析没有考虑元件断开所引起的动态过程，如是否能维持动态稳定，动态过程中是否能满足不等式约束条件等，因此这是一种静态的安全分析。对于一般系统来说，如果没有容量特别大、距离特别长的超高压输电线路，可以不考虑动态过程，因为在线动态过程的计算需要更长的时间，如无特殊需要，可以只做静态安全分析。

# 第六节　安全分析的灵敏度方法

电力系统的安全和经济运行，是电力系统调度运行工作的一个主要内容。具体来说，就是要在安全运行的基础上，获得最佳的经济性。电力系统在正常运行情况下进行的安全监视和安全分析，就是在当时一定的负荷情况下恰当地安排各发电厂的出力，使系统内的所有元件都能运行在安全约束条件的范围以内。此外，安全的趋势分析是设想系统中个别元件出现故障以后，其余元件的运行状态是否满足安全约束条件，如果不能满足，则需要重新安排发电机的出力，使约束条件得到满足。电力系统的经济调度是要求生产费用在考虑线损最小的基础上为最小，但是也必须以安全作为约束条件。

电力系统运行的安全约束条件的一个重要内容，就是各元件如线路、变压器以及发电机的功率不能越限。如果某一元件或某几个元件的功率越限，则需改变某一或某几个发电机的出力，解除越限的运行状态。为此，必须要进行安全分析的计算。电力系统的安全分析计算方法分为两大类：第一类方法为快速潮流计算方法，第二类方法称为灵敏度计算方法。灵敏度计算方法现在仍然普遍采用，因为现代的电力系统母线较多，结构较为复杂，采用快速潮流计算方法，仍然不如灵敏度方法计算方便及结果直观明确。并且一般的电力系统，要进行安全监视的线路不多，只是全系统线路的很少一部分，因而灵敏度方法计算的工作量也较少。

采用灵敏度方法进行安全分析，可使用三种灵敏度系数：第一种称为出力转移系数，用 GSDF 表示；第二种称为出力分配系数，用 GGDF 表示；第三种称为常用出力分配系数 CGDF。三种系数的数目，与要进行安全监视和安全分析的元件数目有关，也与电厂的数目有关。

电力系统在稳态情况下，发电机发出的功率必须与负荷取用的功率及线路等元件的损耗之和相等，即满足等式约束条件

$$\sum_i P_{Gi} - \sum_j P_{Lj} - \sum_l P_{Rl} = 0 \tag{5-67}$$

上式是有功功率的等式约束条件，有关的符号为：

$P_{Gi}$ 为第 $i$ 个发电机发出的有功功率，$\sum_i$ 是对所有发电机求和；

$P_{Lj}$ 为第 $j$ 个负荷取用的有功功率，$\sum_j$ 是对所有的负荷求和；

$P_{Rl}$ 为第 $l$ 个元件的有功功率损耗，$\sum_l$ 是对所有的元件主要是线路求和。

对于系统的无功功率也可以得到类似于式（5-67）的等式约束条件。因为现在只考虑有功功率的有关灵敏系数，可以不计无功功率的影响。

一个电力系统如果有 $N$ 个节点，即有 $N$ 条母线，如图 5-13 所示。每条母线也存在功率平衡的条件，设母线 $K$ 注入系统的功率为 $P_K$，应等于母线 $K$ 所接发电机发出的功率 $P_{GK}$ 减去母线所接负荷的功率 $P_{LK}$，所以：

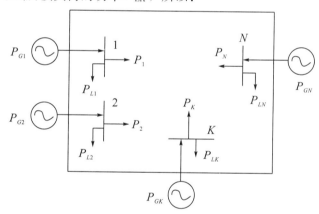

图 5-13　**系统结构说明**

$$P_K = P_{GK} - P_{LK} \tag{5-68}$$

如果该母线只有发电机没有负荷，则

$$P_{LK} = 0$$

如果该母线只有负荷没有发电机，则

$$P_{GK} = 0$$

母线 $K$ 的注入功率 $P_K$，可以用如下功率平衡公式表示：

$$P_K = \sum_m \frac{V_K V_m}{X_{Km}} C_{Km} \sin \theta_{Km} \tag{5-69}$$

式中：$C_{Km} = 1$，当母线 $K$ 和母线 $m$ 之间有线路或其他元件相连；

$C_{Km} = 0$，当母线 $K$ 和母线 $m$ 之间没有线路或其他元件相连；

$V_K$ 为母线 $K$ 的电压模值；

$V_m$ 为母线 $m$ 的电压模值；

$X_{Km}$ 为母线 $K$ 和母线 $m$ 间线路或元件的电抗；

$\theta_{Km}$ 为母线 $K$ 和母线 $m$ 电压向量的夹角。

上式略去元件和线路电阻的影响，这在高压电网中普遍适用，并不会带来明显的误差。另外，在一般情况下 $\theta_{Km}$ 较小，因而可以使

$$\sin\theta_{Km} = \theta_{Km}$$

将式（5-68）和式（5-69）合并，并写出全系统所有母线的方程，则为

$$\sum_m C_{Km} h_{Km} \theta_{Km} = P_{GK} - P_{LK}, m = 1, 2, \cdots, N, m \neq K, K = 1, 2, \cdots, N \quad (5-70)$$

式中：$h_{Km} = \dfrac{V_K V_m}{X_{Km}}$。

选系统中某一母线 $R$ 作为电压向量的参考母线，令它的电压相角 $\theta_R$ 为 0，即

$$\theta_R = 0$$

其他母线电压的角度都对此参考母线进行量度，于是有

$$\theta_{Km} = \theta_K - \theta_m \quad (5-71)$$

式（5-70）可以改写为

$$\sum_m C_{Km} h_{Km} (\theta_K - \theta_m) = P_{GK} - P_{LK}, m = 1, 2, \cdots, N, m \neq K, K = 1, 2, \cdots, N$$

$$(5-72)$$

将式（5-72）重新改写成

$$\left( \sum_m C_{Km} h_{Km} \right) \theta_K - \sum_m C_{Km} h_{Km} \theta_m = P_{GK} - P_{LK}, m = 1, 2, \cdots, N, m \neq K, K = 1, 2, \cdots, N$$

$$(5-73)$$

于是，便可以用矩阵的形式表示为

$$\boldsymbol{H\theta} = \boldsymbol{P_G} - \boldsymbol{P_L} \quad (5-74)$$

式中：矩阵 $\boldsymbol{H}$ 为 $N \times N$ 的方阵，它的对角线各元素，可以由下式计算

$$H_{KK} = \sum_m C_{Km} h_{Km}, m = 1, 2, \cdots, N, m \neq K \quad (5-75)$$

矩阵 $\boldsymbol{\theta}^t = [\theta_1, \theta_2, \cdots, \theta_K, \cdots, \theta_N]$；

矩阵 $\boldsymbol{P_G}^t = [P_{G1}, P_{G2}, \cdots, P_{GK}, \cdots, P_{GN}]$；

矩阵 $\boldsymbol{P_L}^t = [P_{L1}, P_{L2}, \cdots, P_{LK}, \cdots, P_{LN}]$。

矩阵方程式（5-74）中，矩阵 $\boldsymbol{H}$，$\boldsymbol{P_G}$ 和 $\boldsymbol{P_L}$ 都为已知，因而可以对 $\boldsymbol{\theta}$ 求解，得

$$\boldsymbol{\theta} = \boldsymbol{H}^{-1}(\boldsymbol{P_G} - \boldsymbol{P_L}) \quad (5-76)$$

值得注意的是：方程式（5-74）中，因已选择参考母线 $\theta_R = 0$，为了保证这一条件，能使方程求得解答，可以让元素 $H_{RR}$ 为无穷大，计算时可取

$$H_{RK} = 10^{-9}$$

若令 $\boldsymbol{H_T} = \boldsymbol{H}^{-1}$，则式（5-76）可以写成

$$\boldsymbol{\theta} = \boldsymbol{H_T}(\boldsymbol{P_G} - \boldsymbol{P_L}) \quad (5-77)$$

联结母线 $K$ 和 $m$ 的线路，有功潮流 $P_{Km}$ 可以用下式计算：

$$P_{Km} = \frac{V_K V_m}{X_{Km}}\sin\theta_{Km} = \frac{V_K V_m}{X_{Km}}\theta_{Km} = \frac{V_K V_m}{X_{Km}}(\theta_K - \theta_m) \tag{5-78}$$

为了求得系统中要作安全分析，或要进行安全监视的各条线路的有功潮流，可以采用线路和母线间的关联系数矩阵 $T$，$T$ 为 $N_L \times N$ 阶矩阵，$N_L$ 为线路条数。

根据式（5-74）可知，如第 $l$ 条线路联结母线 $K$ 和 $m$，则矩阵 $T$ 的第 $l$ 行元素是

$$\begin{cases} T_{lK} = \dfrac{V_K V_m}{X_{Km}} \\ T_{lm} = \dfrac{V_K V_m}{X_{Km}} \end{cases}, T_{lj} = 0, j = 1,2,\cdots,N, j \neq K, m \tag{5-79}$$

式（5-76）的等式两边，同时用矩阵 $T$ 相乘，则有

$$\boldsymbol{T} \times \boldsymbol{\theta} = \boldsymbol{T} \times \boldsymbol{H}_T(\boldsymbol{P}_G - \boldsymbol{P}_L) \tag{5-80}$$

上式等号的左边则等于支路潮流矩阵 $\boldsymbol{P}_r$，而等号的右边，令

$$\boldsymbol{A} = \boldsymbol{T} \times \boldsymbol{H}_T \tag{5-81}$$

于是式（5-80）则为

$$\boldsymbol{P}_r = \boldsymbol{A}(\boldsymbol{P}_G - \boldsymbol{P}_L) \tag{5-82}$$

值得注意的是：因矩阵 $\boldsymbol{T}$ 的维数是 $N_L \times N$，而 $\boldsymbol{\theta}$ 的维数为 $N \times 1$，所以乘积 $\boldsymbol{P}_r$ 的维数为 $N_L \times 1$。$\boldsymbol{H}_T$ 的维数为 $N \times N$，因而矩阵 $\boldsymbol{T}$ 与矩阵 $\boldsymbol{H}_T$ 的乘积矩阵 $\boldsymbol{A}$，为一维数为 $N_L \times N$ 的矩阵。

式（5-82）也可以写成

$$\boldsymbol{P}_r = \boldsymbol{A}\boldsymbol{P}_G - \boldsymbol{A}\boldsymbol{P}_L \tag{5-83}$$

现在来分析与联结母线 $K$ 和 $m$ 的第 $l$ 条线路有关的出力转移系数。由式（5-83）可得到第 $l$ 条线路上的有功潮流 $P_l$，或写为 $P_{K-m}$ 为

$$P_l = \sum_j a_{lj}P_{Gj} - \sum_j a_{lj}P_{Lj} \quad j = 1,2,\cdots,N \tag{5-84}$$

式中：$a_{lj}$ 为矩阵 $\boldsymbol{A}$ 的第 $l$ 行和第 $j$ 列元素；

$P_{Gj}$ 为矩阵 $\boldsymbol{P}_G$ 的第 $j$ 个元素；

$P_{Lj}$ 为矩阵 $\boldsymbol{P}_L$ 的第 $j$ 个元素；

$\sum\limits_j$ 为 $j$ 从 1 到 $N$ 求和。

为使线路 $l$ 上的有功潮流减少 $\Delta P_l$，而又不改变负荷的情况下，可以把某些发电厂的出力减少并转移到去参考母线的发电厂供给，因而有

$$P_l - \Delta P_l = \sum_j a_{lj}(P_{Gj} - \Delta P_{Gj}) - \sum_j a_{lj}P_{Lj} \tag{5-85}$$

用式（5-84）减去式（5-85）则得

$$\Delta P_l = \sum_j a_{lj}\Delta P_{Gj} \tag{5-86}$$

上式中 $\Delta P_{Gj}$ 为适应第 $l$ 条线路的潮流减少（或增加）$\Delta P_l$，第 $j$ 条母线所接发电厂出力要转移（或增加）的部分。为此 $a_{lj}$ 称为出力转移系数 GSDF。

需要在这里说明：矩阵 $\boldsymbol{A}$ 中的第 $R$ 行和第 $R$ 列的元素都为零。原因是在求 $\boldsymbol{H}^{-1}$ 时，把 $\boldsymbol{H}$ 矩阵中与参考母线有关的对角线元素 $H_{RR}$ 取很大的数值。

第二种出力分配系数 GGDF 的概念，与出力转移系数不同。当负荷一定时，则发

电机的出力应与它平衡，设 $P_{GE}$ 表示系统中各发电机有功出力之和，包括参考母线所接发电机出力 $P_{GR}$，即

$$P_{GE} = P_{G1} + P_{G2} + \cdots + P_{GR} + \cdots = \sum_{j=1}^{N} P_{Gj}$$

将式（5-84）考虑上式的情况加以处理后，得

$$P_l = \sum_j a_{lj} P_{Gj} - \frac{\sum_j a_{lj} P_{Lj}}{P_{GE}} \sum_j P_{Gj} = \sum_j \left[ a_{lj} - \frac{\sum_j a_{lj} P_{Lj}}{P_{GE}} \right] P_{Gj} \qquad (5-87)$$

令

$$d_{lj} = a_{lj} - \frac{\sum_j a_{lj} P_{Lj}}{P_{GE}} \qquad (5-88)$$

其被称为出力分配系数 GGDF。

于是可得

$$P_l = \sum_j d_{lj} P_{Gj}, j = 1, 2, \cdots, R, \cdots, N \qquad (5-89)$$

上述有关公式的下标有两种表示法：一种是以线路的序号 $l$ 来表示；另一种是用联结线路 $l$ 两端的母线序号 $K$ 和 $m$ 来表示，即

$$a_{lj} = a_{K-m,j}$$
$$d_{lj} = \mathrm{d}_{K-m,j}$$
$$P_l = P_{K-m}$$

第三种分配系数，用在改变线路潮流时，把某一发电厂的出力的相应部分，分配给参考母线所接的发电厂。这种方法比较符合实际运行经常遇到的情况。设 $P_{GH}$ 为所有发电出力之和，但不包括参考母线所接发电厂的出力，即

$$P_{GH} = \sum_{\substack{j=1 \\ j \neq R}}^{N} P_{Gj} \qquad (5-90)$$

由式（5-84），并考虑上式后可得

$$P_l = \sum_j a_{lj} P_{Gj} - \frac{\sum_j a_{lj} P_{Lj}}{P_{GH}} \sum_{\substack{j=1 \\ j \neq R}}^{N} P_{Gj} \qquad (5-91)$$

由于矩阵 $\boldsymbol{A}$ 的第 $R$ 行和第 $R$ 列的系数为零，所以有

$$a_{lR} = 0$$

于是式（5-91）可以改写为

$$P_l = \sum_{\substack{j=1 \\ j \neq R}}^{N} \left[ a_{lj} - \frac{\sum_j a_{lj} P_{Lj}}{P_{GH}} \right] P_{Gj} \qquad (5-92)$$

令

$$f_{lj} = a_{lj} - \frac{\sum_j a_{lj} P_{Lj}}{P_{GH}} \qquad (5-93)$$

这里称 $f_{lj}$ 为常用出力分配系数 CGDF。

由此得到

$$P_l = \sum_{\substack{j=1 \\ j \neq R}}^{N} f_{lj} P_{Gj} \tag{5-94}$$

为了说明灵敏度方法的计算和使用情况，这里用两个算例来进行比较。这一个算例为一5条母线和5条线路的系统，系统的结线图如图5-14所示。有关参数在图中注明。

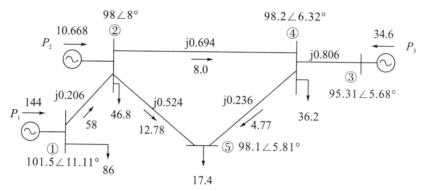

图5-14　系统结线图

表5-1为在计算机上计算不考虑电压变化的两种灵敏度系数，即出力转移系数 GSDF 和出力分配系数 GGDF 所得的结果。计算时取母线2作为参考母线。

表5-1　两种灵敏度系数结果（一）

| 线路* $K-m$ | GSDF | | GGDF | | |
|---|---|---|---|---|---|
| | $a_{K-m,1}$ | $a_{K-m,3}$ | $d_{K-m,1}$ | $d_{K-m,2}$ | $d_{K-m,3}$ |
| 1—2 | −1 | 0 | −0.545 6 | 0.454 4 | 0.454 4 |
| 2—4 | 0 | 0.522 7 | −0.133 4 | −0.133 4 | 0.389 3 |
| 2月5日 | 0 | 0.477 3 | −0.150 6 | −0.150 6 | 0.326 7 |
| 3月4日 | 0 | −1.000 0 | 0 | 0 | 0 |
| 4月5日 | 0 | −0.477 3 | 0.060 0 | 0.060 0 | −0.419 4 |

\* 注 $K < m$。

表5-2为同一系统考虑母线电压不为额定电压的情况所得两种灵敏度系数的数值。

表5-2　两种灵敏度系数结果（二）

| 线路* $K-m$ | GSDF | | GGDF | | |
|---|---|---|---|---|---|
| | $a_{K-m,1}$ | $a_{K-m,3}$ | $d_{K-m,1}$ | $d_{K-m,2}$ | $d_{K-m,3}$ |
| 1—2 | −1 | 0 | −0.542 7 | 0.452 0 | 0.452 0 |
| 2—4 | 0 | 0.496 3 | −0.126 6 | −0.126 6 | 0.369 7 |
| 2月5日 | 0 | 0.460 5 | −0.145 2 | −0.145 2 | 0.315 2 |

| 线路 * $K-m$ | GSDF | | GGDF | | |
|---|---|---|---|---|---|
| | $a_{K-m,1}$ | $a_{K-m,3}$ | $d_{K-m,1}$ | $d_{K-m,2}$ | $d_{K-m,3}$ |
| 3 月 4 日 | 0 | −1.000 0 | 0 | 0 | −0.926 3 |
| 4 月 5 日 | 0 | −0.456 7 | 0.060 0 | 0.060 0 | −0.401 0 |

表 5−3 则为用式（5−96）算出的常用出力分配系数 CGDF。

表 5−3　GSDF 结果

| 线路 * $K-m$ | GSDF（不考虑电压的实际值） | | GGDF（考虑电压的实际值） | |
|---|---|---|---|---|
| | $f_{K-m,1}$ | $f_{K-m,3}$ | $f_{K-m,1}$ | $f_{K-m,3}$ |
| 1−2 | −0.518 5 | 0.481 5 | −0.515 7 | 0.479 0 |
| 2−4 | −0.141 4 | 0.381 3 | −0.134 1 | 0.362 2 |
| 2 月 5 日 | −0.159 6 | 0.317 7 | −0.154 0 | 0.306 5 |
| 3 月 4 日 | 0 | −1.000 0 | 0 | −0.926 3 |
| 4 月 5 日 | 0.06 | −0.416 | 0.050 0 | −0.397 7 |

# 第七节　静稳定的判定

为了保证电力系统运行的安全性，有长距离输电线路时，还应该判断运行点的静态稳定储备情况。传统的方法是采用极限功率的方法，也就是经过计算，规定系统某些元件，如发电机或高压输电线输送的极限功率，使运行点在极限功率下。为了进行电力系统实时静稳定的识别，也可以采用极限电压的方法来进行，也就是采用状态信息 V 来识别系统的静稳定情况。

先以远区发电厂经长距离输电线路向受端系统送电的情况来说明这种方法的基本原理，如图 5−15 所示。图（a）为结线图，图（b）为等值图。

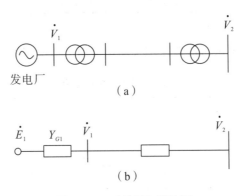

图 5−15　系统图和等值图

设发电厂 1 的端电压为 $\dot{V}_1$，受端系统母线电压为 $\dot{V}_2$，可以从等值图（b）写出导纳矩阵方程为：

$$\begin{bmatrix} Y_{12} + Y_{G1} & -Y_{12} \\ -Y_{12} & Y_{12} \end{bmatrix} \begin{bmatrix} \dot{V}_1 \\ \dot{V}_2 \end{bmatrix} = \begin{bmatrix} \dot{I}_1 \\ \dot{I}_2 \end{bmatrix} \tag{5-95}$$

式中：$Y_{12}$ 为节点 1 和 2 间的导纳值，即包括变压器和线路的导纳；

$\quad\quad Y_{G1}$ 为发电机的导纳值；

$\quad\quad \dot{I}_1$ 为节点 1 的注入电流。

$$\dot{I}_1 = \dot{E}_1 Y_{G1} \tag{5-96}$$

如果以 $\dot{V}_2$ 作为参考，则

$$\dot{E}_1 = E_1 \angle \delta_1 = E_1 \cos\delta_1 + jE_1 \sin\delta_1 \tag{5-97}$$

则由式（5-95）的第一个方程可得

$$(Y_{12} + Y_{G1})\dot{V}_1 - Y_{12}\dot{V}_2 = \dot{I}_1 \tag{5-98}$$

把式（5-97）的关系代入上式，经过整理可以得到

$$\dot{V}_1 = \frac{E_1 Y_{G1} \cos\delta_1 + jE_1 Y_{G1} \sin\delta_1 + Y_{12}V_2}{Y_{12} + Y_{G1}} \tag{5-99}$$

上式表明，当功角 $\delta_1$ 不断增加时，$V_1$ 随之而减小。这种简单电力系统，不计元件的电阻，则 $\delta = 90°$，系统达到极限运行状态，上式变为

$$\dot{V}_{1m} = \frac{b_{12}V_2 - jb_{G1}E_1}{b_{G1} + b_{12}} \tag{5-100}$$

则

$$V_{1m} = \sqrt{\frac{b_{12}^2 V_2^2 + b_{G1}^2 E_1^2}{b_{G1} + b_{12}}} \tag{5-101}$$

分析上式可见，当 $E_1$ 和 $V_2$ 及系统元件的参数一定时，在系统极限运行状态，发电机的端电压 $V_1$ 有一最低极限值 $V_{1m}$，由式（5-101）计算，它与下式的功率极限 $P_{1m}$ 相对应。

$$P_{1m} = \frac{E_1 V_2}{X_{G1} + X_{12}} \tag{5-102}$$

式中：$X_{G1}$ 为发电机的电抗；

$\quad\quad X_{12}$ 为节点 1 和 2 间的电抗。

因此，用发电机端电压 $V_1$ 作为系统状态信息，可以用来监测系统静态稳定运行的情况。如果 $V_1 > V_{1m}$，则系统能保持静稳定，并具有一定的稳定储备。稳定储备系数可以采用下式计算：

$$K_c = \frac{V_1 - V_{1m}}{V_{1m}} \times 100\% \tag{5-103}$$

电压 $V_1$ 值的大小，从式（5-99）可见，含有 $E_1$、$V_2$、$\delta$ 以及系统元件参数 $Y_{G1}$ 和 $Y_{12}$ 的信息，它的大小又反映了系统稳态运行的情况。这可以用图 5-16 来说明，当 $E_1$ 和 $V_2$ 为常数时，$\delta_1$ 从 $\delta_1(1)$ 增大到 $90°$，$V_1$ 从 $V_1(1)$ 减少到 $V_{1m}$ 的最小极限值。

$\delta_1$ 再继续加大，$V_1(3)$ 更小。

再来研究随着功角 $\delta_1$ 的加大，电势作相应增加时系统的静态稳定运行情况。由式 (5－101)，当用 $b_{\sum} = b_{G1} + b_{12}$ 代入，并改写后

$$V_{1m}^2 = \frac{b_{12}^2}{b_{\sum}^2}V_2^2 + \frac{b_{G1}^2}{b_{\sum}^2}E_1^2 \tag{5－104}$$

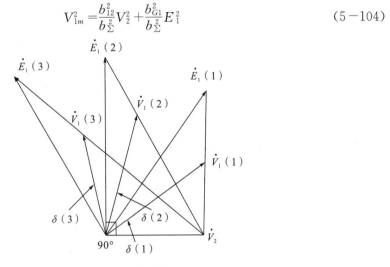

图 5－16　向量图

为了保持系统的稳定，电机端电压 $V_1$ 必须满足

$$\begin{cases} V_1^2 \geqslant \dfrac{b_{12}^2}{b_{\sum}^2}V_2^2 + \dfrac{b_{G1}^2}{b_{\sum}^2}E_1^2 \\ V_1^2 - \dfrac{b_{G1}^2}{b_{\sum}^2}E_1^2 \geqslant \dfrac{b_{12}^2}{b_{\sum}^2}V_2^2 \end{cases} \tag{5－105}$$

也可以写成判别形式为

$$P(V) = b_{\sum}^2 V_1^2 - b_{G1}^2 E_1^2 - b_{12}^2 V_2^2 + K > 0 \tag{5－106}$$

上式为系统静态稳定运行的判定条件。由于 $V_1$ 和 $E_1$ 为两维信息空间，可以做出图 5－17 的模式识别图形，图中线段 1 为稳定运行的判定边界，线段 2 为系统运行对调压要求的最低电压，其值为 $V_{1m}$。

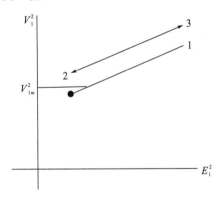

图 5－17　识别区域

对于复杂的电力系统，从前面介绍可知，状态信息 $Y_i$ 可以表示为系统的运行状态

参数 $V_i$，$\delta_{ij}$ 和系统的元件参数 $Z_{ij}$ 以及 $E_j$，也就可以用状态信息向量 $Y$，采用模式识别技术来监测和识别系统的静稳定情况。$V_i$ 为 $N$ 维向量，即

$$Y = [V_i^t \vdots P_{ij}^t]$$

它是 $N$ 维信息空间的一个向量，包含系统是否保持静态稳定的信息。为了判定它是否稳定，便需要构成一个判定边界两类的分类器，但因在实际上 $N$ 的数值很大，在一般的系统都在几十至几百。因此分类器判定边界的设计，就需要很大的工作量，但可以使用正交变换如 Walsh-Hadamard 变换等作为特征选择的第一步，如 $V_i$ 经过变换以后，得到变换信息向量为

$$\dot{U}_i^t = [U_1, U_2, \cdots, U_N]$$

$\dot{U}_i$ 因和 $\dot{V}_i$ 为一一对应的映射，也为一 $N$ 维表示式。

特征选择的第二步，则为维数压缩。选择 $U_i$ 的 $N$ 个分量中的 $F$ 个分量，

$$F << N$$

得到一个 $F$ 维的模式向量

$$R^t = [R_1, R_2, \cdots, R_F]$$

它是 $U_i$ 的一个子集。$F$ 的选择包括发电机节点、重要的功率分点，以使维数压缩后的信息空间增加的分类误差在要求的范围内。

对模式向量 $R$ 进行判定，判定函数的边界可取为

$$P(R) = W_1 R_1^2 + W_2 R_2^2 + \cdots + W_1 R^2 + K \tag{5-107}$$

式中：$W_1$，$W_2$，$\cdots$，为分类器的权。

上面的计算过程见图 5-18 中的小框①～③。

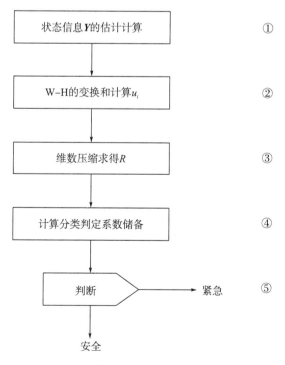

图 5-18　计算框图

为了保证电力系统运行的安全性，必须要在稳定边界的稳定一侧，留有一定的储备，见图 5-17 中线段 3 和 1 间的区域，作为系统的紧急状态。根据图 5-18 中的框④和⑤，判断系统储备是否满足，以决定系统运行是否在紧急状态。

根据模式识别得的判定函数，是对分类器经过"训练"后获得的结果，可以对系统预先采用离线计算求得。

# 第八节　动态安全分析的暂态能量储备系数法

在进行电力系统实时安全分析时，都需要对各种可能方案的动态稳定情况进行计算，以便了解系统的安全和稳定状态。电力系统的暂态过程中，可用机组群间对系统的加速和减速动能的有关比值作为系统动态稳定的判据。在暂态过程中，不管系统中有多少机组和系统的结构复杂程度如何，总可以把所有的机组分为两群，即过剩功率为正的机组群，以及过剩功率为负的机组群。当系统出现短路故障时，首先计算从短路故障发生到切除故障时机组群间的有关加速动能值。故障切除后，用曲线拟合法，只进行少数几个时段的计算，用以拟合事故后机组群的特性，并据以计算有关临界的减速动能值，然后算出储备系数。采用这种方法，计算的工作量可以大为减少，以满足实时性的要求。

任一电力系统，在发生事故以及事故后的机电暂态过程中，系统各发电机组的运行方程式可以写为

$$\dot{\delta}_i = \omega_i$$

和

$$M_i\dot{\omega}_i = \Delta P_i \qquad (5-108)$$

及

$$\Delta P_i = P_{ri} - P_{ei}, i = 1, 2, \cdots, n$$

式中：$P_{ri}$ 为原动机的功率；

$P_{ei}$ 为发电机的输出功率。

分析式（5-108），$\Delta P_i$ 为发电机组的过剩功率。在稳态情况，其值为 0，即不发生转子角 $\delta$ 的变化。在出现暂态过程时，各机组的 $\Delta P$ 一般不再为 0，有的机组的 $\Delta P$ 为正，有的机组 $\Delta P$ 为负。于是，一般情况下，可以把系统中发电机组分为两群：一群的 $\Delta P$ 为正，另一群的 $\Delta P$ 为负。$\Delta P$ 为正的机组群出现加速，称为 $\alpha$ 群；$\Delta P$ 为负的机组群出现减速，称为 $\beta$ 群。设 $\alpha$ 群的机组数为 $r$，$\beta$ 群的机组数为 $s$，则可以分群计算如下：

对于 $\alpha$ 群，可有

$$\begin{cases} M_1\dot{\omega}_1 = \Delta P_1 \\ M_2\dot{\omega}_2 = \Delta P_2 \\ \cdots \\ M_r\dot{\omega}_r = \Delta P_r \end{cases} \qquad (5-109)$$

考虑到 $\dot{\omega} = \dfrac{\mathrm{d}^2 \delta}{\mathrm{d} t^2}$，把式（5—109）的等号两侧各项分别相加后得

$$\frac{\mathrm{d}^2 (M_1 \delta_1)}{\mathrm{d} t^2} + \frac{\mathrm{d}^2 (M_2 \delta_2)}{\mathrm{d} t^2} + \cdots + \frac{\mathrm{d}^2 (M_r \delta_r)}{\mathrm{d} t^2} = \sum_{i=1}^{r} \Delta P_i$$

则

$$\frac{\mathrm{d}^2}{\mathrm{d} t^2} (M_1 \delta_1 + M_2 \delta_2 + \cdots + M_r \delta_r) = \sum_{i=1}^{r} \Delta P_i$$

取

$$M_\alpha \delta_\alpha = M_1 \delta_1 + M_2 \delta_2 + \cdots + M_r \delta_r = \sum_{i=1}^{r} M_i \delta_i \qquad (5-110)$$

及

$$M_\alpha = M_1 + M_2 + \cdots + M_r = \sum_{i=1}^{r} M_i \qquad (5-111)$$

所以

$$\delta_\alpha = \frac{1}{M_\alpha} \sum_{i=1}^{r} M_i \delta_i \qquad (5-112)$$

由此可得到 $\alpha$ 群的运动方程式：

$$M_\alpha \frac{\mathrm{d}^2 \delta_\alpha}{\mathrm{d} t^2} = \Delta P_\alpha \qquad (5-113)$$

或

$$M_\alpha \dot{\omega}_\alpha = \Delta P_\alpha \qquad (5-114)$$

这里

$$\Delta P_\alpha = \sum_{i=1}^{r} \Delta P_i$$

角 $\delta_\alpha$ 称为 $\alpha$ 群的动态中心角，$\omega_\alpha$ 为 $\alpha$ 群的动态中心角速度。用同样的数学方法，可以得到 $\beta$ 群的运动方程

$$M_\beta \frac{\mathrm{d}^2 \delta_\beta}{\mathrm{d} t^2} = \Delta P_\beta \qquad (5-115)$$

式中：$M_\beta = \sum_{i=1}^{s} M_j$; $\qquad\qquad\qquad\qquad\qquad\qquad\qquad (5-116)$

$$\delta_\beta = \frac{1}{M_\beta} \sum_{j=1}^{s} M_j \delta_j; \qquad\qquad\qquad\qquad\qquad (5-117)$$

$$\Delta P_\beta = \sum_{j=1}^{s} \Delta P_j。 \qquad\qquad\qquad\qquad\qquad (5-118)$$

角 $\delta_\beta$ 称为 $\beta$ 群的动态中心角，$\omega_\beta$ 为 $\beta$ 群的动态中心角速度。在采用这样的数学处理以后，电力系统暂态过程中的运动方程式（5—108），可以改写为

$$\begin{cases} \dot{\delta}_\alpha = \omega_\alpha \\ \dot{\delta}_\beta = \omega_\beta \\ M_\alpha \dot{\omega}_\alpha = \Delta P_\alpha \\ M_\beta \dot{\omega}_\beta = \Delta P_\beta \end{cases} \qquad (5-119)$$

当系统发生短路事故时，开始出现机电暂态过程，系统的功率不再平衡。因而随着时间的推移，系统中的两群机组都要集聚暂态能量；这两机组群在暂态过程中的能量分别为正或负时，就可以用相对中心角速度的变化来表示暂态过程中的能量变化。

将式（5-119）的后两式，做以下变换：

$$\dot{\omega}_\alpha = \frac{1}{M_\alpha}\Delta P_\alpha$$

和

$$\dot{\omega}_\beta = \frac{1}{M_\beta}\Delta P_\beta$$

如用 $\alpha_{\alpha\beta}$ 表示两机组群间的相对加速度，则有

$$\alpha_{\alpha\beta} = \dot{\omega}_\alpha - \dot{\omega}_\beta = \frac{1}{M_\alpha}\Delta P_\alpha - \frac{1}{M_\beta}\Delta P_\beta \tag{5-120}$$

于是，系统暂态能量可用下式表示：

$$V = M_{\alpha\beta}\int \alpha_{\alpha\beta}\mathrm{d}\delta_{\alpha\beta} = \int\left[\frac{M_{\alpha\beta}}{M_\alpha}\Delta P_\alpha - \frac{M_{\alpha\beta}}{M_\beta}\Delta P_\beta\right]\mathrm{d}\delta_{\alpha\beta} \tag{5-121}$$

式中：$M_{\alpha\beta} = M_\alpha + M_\beta$；

$\delta_{\alpha\beta} = \delta_\alpha - \delta_\beta$。

上述的机组分群情况，即哪些机组为 $\alpha$ 群，哪些为 $\beta$ 群，与系统中的故障点位置有关，系统中的故障发生的地点不同，机组分为 $\alpha$ 和 $\beta$ 两群方式也就不同。尤其是在结构较为复杂的电力系统中，用上述的动态分群方法，可以得到较好的效果。

电力系统未发生短路故障的稳态运行情况，各发电机组没有过剩功率 $\Delta P$，因而由式（5-121）可得系统的暂态能量，即

$$V = 0$$

当系统发生短路以后，一般情况下，可以用动态分群方法计算系统的暂态能量。在时间 $t_0$ 时发生短路，用分段计算法进行计算，到切除故障时间 $t_K$ 时，分别求出各段时间的过剩功率 $\Delta P_\alpha$ 和 $\Delta P_\beta$，以及角度增量 $\Delta\delta_{\alpha\beta}$，于是在短路过程中的暂态能量为

$$V_{\mathrm{II}} = \sum_{i=1}^{K}\left[\frac{M_{\alpha\beta}}{M_\alpha}\Delta P_{\alpha(i)} - \frac{M_{\alpha\beta}}{M_\beta}\Delta P_{\beta(i)}\right]\Delta\delta_{\alpha\beta(i)} \tag{5-122}$$

式中 $(i)$ 为第 $i$ 个时段，$K$ 为短路过程的时段总数。

故障切除以后，暂态过程仍继续进行。以后，各机组群的过剩功率在符号上可能会改变，因而系统在故障切除以后过程中的暂态能量 $V_{\mathrm{II}}$ 符号也可能发生改变。若有一临界角 $\Delta\delta_{\alpha\beta(J)}$ 存在，即在该角度时，有

$$\frac{M_{\alpha\beta}}{M_\alpha}\Delta P_\alpha - \frac{M_{\alpha\beta}}{M_\beta}\Delta P_\beta = 0 \tag{5-123}$$

则可以定义：

$$V_{LJ} = \int_{\alpha_{\alpha\beta(K)}}^{\alpha_{\alpha\beta(J)}}\left(\frac{M_{\alpha\beta}}{M_\alpha}\Delta P_\alpha - \frac{M_{\alpha\beta}}{M_\beta}\Delta P_\beta\right)\mathrm{d}\delta_{\alpha\beta} \tag{5-124}$$

也可以分段计算：

$$V_{LJ} = \sum_{i=1}^{J}\left[\frac{M_{\alpha\beta}}{M_\alpha}\Delta P_{\alpha(i)} - \frac{M_{\alpha\beta}}{M_\beta}\Delta P_{\beta(i)}\right]\Delta\delta_{\alpha\beta(i)} \tag{5-125}$$

式中：$J-K$ 为切除故障以后，到临界角 $\delta_{\alpha\beta(J)}$ 间的时段数。

这里 $V_{LJ}$ 表示系统故障后的临界暂态动能。系统的暂态动能应等于故障时的动能 $V_{\mathrm{II}}$ 和故障后的动能 $V_{\mathrm{III}}$ 之和，即

$$V = V_{\mathrm{II}} + V_{\mathrm{III}}$$

根据系统临界动能的定义，系统的动稳定情况可能存在以下几种情况：

### 1. 系统是稳定的临界情况

当 $V=V_{\mathrm{II}}+V_{LJ}=0$ 时，这表明电力系统发生故障以后，机组群间产生相对加速度，切除故障后又产生相对减速度。在达到相对临界角 $\delta_{\alpha\beta(J)}$ 时，相对减速度为 $0$，即相对加速动能等于临界减速动能，这种情况为能维持稳定的临界情况。

### 2. 系统是稳定的情况

当 $V=V_{\mathrm{III}}+V_{LJ}<0$ 时，这表明系统的相对加速能量小于临界的减速能量，系统能维持稳定。这也即是说，达到相对临界角 $\delta_{\alpha\beta(J)}$ 时，系统的暂态能量已为负值。为此，可以定义下式计算动态储备系数：

$$K_d \triangleq \frac{V_{LJ}+V_{\mathrm{II}}}{V_{LJ}} \times 100\% \tag{5-126}$$

式中：系统能维持稳定时，$K_d$ 为正。

### 3. 系统不稳定的情况

当 $V=V_{\mathrm{III}}+V_{LJ}>0$ 时，这表明系统的相对加速能量大于相对减速能量，系统就不能维持稳定。这也就是说，系统在切除故障以后，达到相对临界角 $\delta_{\alpha\beta(J)}$ 时，系统的暂态动能还为正值。使用式（5-126）的动稳定储备系数，算得 $K_d$ 为负，则表明系统不能维持稳定。

### 4. 系统频率不稳定的情况

复杂的电力系统发生了某一些短路故障，当故障发生在负荷端，或特别是发生在大容量变电站母线附近，系统中的全部发电机组，都出现正的过剩功率；此时，在计算的进程中，就只能当作一组机群来处理，于是系统的暂态能量为

$$V = M_\alpha \int \frac{\Delta P_\alpha}{M_\alpha} \mathrm{d}\delta_\alpha = \int \Delta P_\alpha \mathrm{d}\delta_\alpha \tag{5-127}$$

如按前述方法计算，当算出的系数 $K_d$ 为负值时，系统的不稳定表示各机组的绝对角度 $\delta$ 不断变化，而机组间的相对角度则变化不大，这表明频率不再能维持定值，需有频率调节和控制的措施。

# 第六章　负荷的预测和管理

## 第一节　概　述

负荷预测是电力系统运行和调度工作中的重要任务之一，长期负荷预测因反映国民经济的发展，可为电厂和电网的设计提供必要的依据，短期负荷预测为安排检修计划、经济调度和电力市场以及各种在线计算工作提供所需要的负荷信息数据。负荷预测的研究工作已有几十年的历史，由于调度控制中心普遍使用了计算机，因而促进了这一工作的进一步开展。虽然一般认为负荷是不可控制的，但可以采取措施进行有效管理。所以，几天前或几小时前负荷预测的精度不一定要求太高，只要能和实际负荷拉近，有百分之几的误差，就已经可以满足实际工作的需要。

电力系统在一般正常情况下，各种负荷曲线如日负荷曲线、周负荷曲线以及年负荷曲线都有一定的规律性可寻，这就使负荷预测能够实现，而且由于电力负荷中有相当大的一部分如生活用电、农业用电等的用电量与气象预报考虑未来的气象条件，在某些电力系统中更可以提高预测的精度，现代的电力系统负荷预测的方法就以是否考虑气象条件分类。

电力系统调度控制中心实时计算时，必须要有实用的短期负荷预测的程序，为数据库建立所需的负荷数据。通常可以求得 15 分钟到几小时以后的负荷预测数据。这样，系统的安全分析、经济调度和运行趋势分析都可以提前进行，就可以为即将到来的运行方式提供安全经济要求的对策。

负荷预测主要是针对有功负荷，在有功负荷预测值的基础上，可以得到无功负荷的预测值。一般说来，电力系统的有功负荷变化曲线 $P(t)$ 可以用下式表示：

$$P(t) = P_y(t) + P_d(t) + P_h(t) \qquad (6-1)$$

式中：$P_y(t)$ 为长期的基本负荷；

$P_d(t)$ 为每日有变化的负荷；

$P_h(t)$ 为每小时有变化的负荷。

长期负荷 LTLF 主要分析计算 $P_y(t)$ 和典型的 $P_d(t)$。短期负荷预测 STLF 主要分析计算 $P_h(t)$。为了实施电力市场或安排检修计划，要求知道第二天和第三天的负荷预测值，则要分析计算 $P_d(t)$。

电力系统正常运行的首要约束条件就是要保持功率平衡，即发出的功率应满足负荷的需要量。负荷预测就为满足这一平衡提前做好准备。在负荷预测的基础上，可以进行负荷的调整和管理。负荷的调整和管理是一件很有意义的技术经济工作，它的作用是把用户的用电量在时间上进行调整，使负荷曲线的峰和谷差别减小。这可以在采取一些技术经济措施以后，使用户能自愿地改变用电，或者根据协议进行调整。尤其是电力系统进行负荷预测以后在某些功率平衡可能受到破坏的时间，对负荷加以管理和限制，也是一种有意义的工作。电力系统为适应运行的需要，早在几十年前就着手研究和使用负荷预测，到目前为止有两大类不同原理性的方法：

第一，经典方法。这类方法是采用较为严密的数学公式，利用过去的负荷资料数据（如图 6-1）得到回归模型，或是随机时间序列模型，或是小波分析模型。

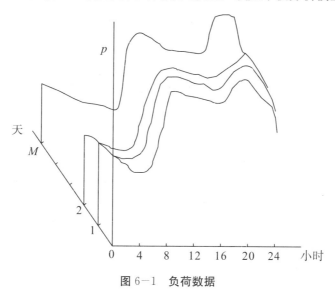

图 6-1　负荷数据

第二，人工智能方法。这类方法是建立在采用具有学习机制的智能数学基础上，利用过去的负荷资料数据和专家经验，对工具进行训练后用来进行预测，如采用人工神经网络或是具有模糊逻辑功能的专家系统。

对于短期负荷预测的要求，主要是要能达到一定的预测精度和需要较短的能满足实时性要求的预测用时间，上述两类方法各有其特点。

用经典方法对短期负荷预测结果的比较和误差分析情况如图 6-2 和图 6-3 所示，一般认为预测误差在 3%～5%或以下，该种方法就具有实用价值。

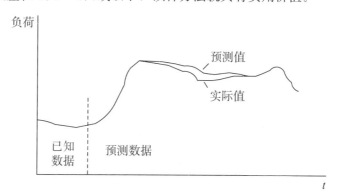

图 6-2　负荷预测结果的比较

图 6-3　负荷预测结果的误差

# 第二节　气象资料的应用

一个电力系统所在地域的气象情况，对负荷的大小有着明显的影响，但是影响的大小，随国家、地区以及负荷性质的不同而有很大的不同。阴雨天气时，照明负荷一般都要增加，夏天的温度较高，制冷设备、风扇等的用电量加大。所以，负荷预测的方法通常都要考虑气象条件。使用气象资料来加权负荷预测的有关计算数据是考虑气象条件的一种方法，值得注意的是有关的加权系数应该根据各系统近期的实际来拟定，不可能使用统一的数据，但是这种考虑气象资料的方法则有通用的意义。

使用气象资料进行负荷预测时，把负荷的数值当成两个分量：第一个分量为基本负荷，第二个分量为受气象影响的负荷变量，即

$$P = P_J + P_q \tag{6-2}$$

这里，$P_J$ 为基本负荷，在进行负荷预测时，它是由季节负荷 $P_g$、周负荷变量 $P_z$ 和日负荷量 $P_r$ 所组成，因而有

$$P_J = P_g + P_z + P_r \tag{6-3}$$

$P_q$ 为受气象条件影响的变量，主要是指受温度、云层厚度和风速引起的负荷变量，即

$$P_q = P_T + P_Y + P_F \tag{6-4}$$

式中：$P_T$ 为温度引起的负荷变量；

　　$P_Y$ 为云层厚度引起的负荷变量；

　　$P_F$ 为风速引起的负荷变量。

$P_J$ 可以根据过去的负荷资料进行预测。于是有

$$P = P_J + P_q = P_J \left(1 + \frac{P_T}{P_J} + \frac{P_Y}{P_J} + \frac{P_F}{P_J}\right) \tag{6-5}$$

设

$$k_T = \frac{P_T}{P_J}$$

和

$$k_Y = \frac{P_Y}{P_J}$$

$$k_F = \frac{P_F}{P_J}$$

式（6－5）便可以写成

$$P = (1 + k_T + k_Y + k_F)P_J \tag{6－6}$$

式中：$k_T$，$k_Y$ 和 $k_F$ 分别被称为因温度、云层厚度和风速的不同引起负荷变动的加权系数。

$k_T$ 的数值因地因时而异，一般按气候变化情况制定 $k_T$ 的数据，根据一些系统的统计资料，$k_T$ 的数值在 $\pm 10\%$ 的范围变化。在冬季，温度愈低，$k_T$ 的值愈大；而在夏季则相反，温度愈高，$k_T$ 的值愈大。在春、秋两季，在温度变化两端，$k_T$ 的数值大，如图 6－4 所示。

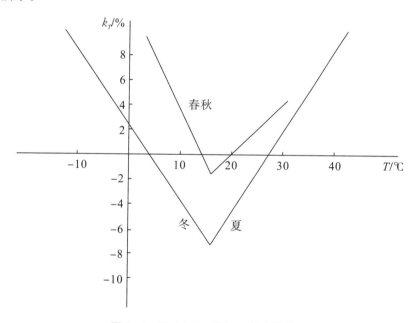

图 6－4　温度加权系数 $k_T$ 的变化情况

$k_Y$ 的数值，以晴朗天气无云作为 $0\%$，在特殊情况，可取为 $-1\% \sim -2\%$。一般随云层厚度的增加，其值会增加约 $8\%$，有雾的天气，根据雾的大小可以增加到 $10\% \sim 12\%$。

$k_F$ 的数值各地也有差异，一般按下式估计

$$k_F = 0.01V_F \tag{6－7}$$

式中：$V_F$ 为风速，单位为千米/小时。

在实际考虑气象条件影响时，也可以将式（6－2）～（6－4）合并以后，采用过去的负荷和气象资料，进行回归得到使用的公式为：

$$P = P_J(k_T T + k_y M + k_F V_F + 1) \tag{6－8}$$

式中：$M$ 为表示云层厚度的明亮指数。

# 第三节　时间序列模型

电力系统的负荷曲线从每一周分析，有着一定的规律，如图 6-5 所示。所以，可以利用回归分析的方法找出负荷变化的规律，用来作负荷预测。对于在时间 $t$ 的负荷 $p(t)$，可以用下式表示：

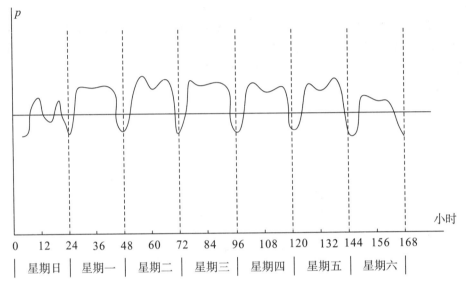

图 6-5　周负荷曲线

$$p(t) = A_1 p_{(t-1)} + A_2 p_{(t-2)} + \cdots + A_n p_{(t-n)} + F(t) \qquad (6-9)$$

式中：下标 $t$ 为要预测的时刻；

$t-1$，$t-2$，…为预测时刻以前的回推时间；

$F$ 为影响负荷变化的其他因素，如气象、社会、突发事件等。

式（6-9）表明 $p(t)$ 可以由它的历史数据 $p_{(t-1)}$，$p_{(t-2)}$，…共选 $n$ 项，分别乘以加权系数 $A_1$，$A_2$，…，$A_n$ 叠加而得，同时，对于 $F$ 还需要考虑其他影响负荷变化的因数，共 $m$ 项，以 $x_1$，$x_2$，…，$x_m$ 表示，则

$$F_{(t)} = F(x_1, x_2, \cdots, t, x_t) = \sum_{i=1}^{m} B_i x_{i(t)} \qquad (6-10)$$

若各 $x_{i(t)}$ 值不能直接获得，也可以应用它的历史数据计算，即

$$x_{i(t)} = C_{i1} x_{i(t-1)} + C_{i2} x_{i(t-2)} + \cdots C_{ir} x_{i(t-r)} = \sum_{j=1}^{r} C_{ij} x_{i(t-j)} \qquad (6-11)$$

于是，预测公式（6-9）可以写为

$$p_{(t)} = \sum_{k=1}^{n} A_k p_{(t-k)} + \sum_{i=1}^{m} B_i \sum_{j=1}^{r} C_{ij} x_{i(t-j)} + e_{(t)}$$

$$= \sum_{k=1}^{n} A_k p_{(t-k)} + \sum_{i=1}^{m} \sum_{j=1}^{r} B_i C_{ij} x_{i(t-j)} + e_{(t)} \qquad (6-12)$$

这里，$e_{(t)}$ 为估计的预测的误差。

由此可见，应用式（6－12）进行短期负荷预测，关键是要求得 $A_*$，$B_*$，$C_*$ 等系数的值和选取历史数据的总数 $n$，$m$，…，虽然可以采用书籍的历史数据，用回归方法联立求解这些未知量，但计算工作量较大。

现为了简化计算，引入一时差因子 $q$，满足下述关系，即

$$\begin{cases} p_{(t)} = qp_{(t-1)} \\ p_{(t-1)} = qp_{(t-2)} \end{cases} \tag{6-13}$$

则

$$p_{(t)} = q^2 p_{(t-2)}$$

因而可得

$$p_{(t)} = q^k p_{(t-k)} \tag{6-14}$$

式（6－12）由此可变为

$$p_{(t)} = \sum_{k=1}^{n} a_k q^k p_{(t-k)} + \sum_{i=1}^{m} \sum_{j=1}^{r} b_{ij} q_{xi}^j x_{i(t-j)} + e_{(t)} \tag{6-15}$$

式中：$a_k$ 是 $p_{(t-k)}$ 对 $p_{(t)}$ 的影响系数；

$b_{ij}$ 是 $x_{i(t-j)}$ 对 $x_{i(t)}$ 的作用系数；

$q_{xi}$ 是 $x_{i(t)}$ 对历史数据的时差因子。

$a_k(k=1,2,\cdots,n)$ 可以采用线性或非线性的分配方式，在进行短期负荷预测时，根据预测时刻 $t$ 的特点，参照图 6－5，选择一样本时间 $t_0$，于是从数据库中可以得到时间序列 $S_p$ 和 $S_x$ 为

$$\begin{cases} S_p = \{p_{(t_0)}, p_{(t_0-1)}, p_{(t_0-2)}, \cdots, p_{(t_0-n)}\} \\ S_x = \{x_{(t_0)}, x_{(t_0-1)}, x_{(t_0-2)}, \cdots, x_{(t_0-n)}\} \end{cases} \tag{6-16}$$

利用式（6－15）便可以求得有关参数 $a_*$，$q$，$b_*$，$q_x$ 等。下一步便可以用已知参数通过式（6－15）对时间 $t$ 的负荷进行预测。

# 第四节　模式识别预测负荷

电力系统的日负荷曲线具有重复类似的形状，因而就可以应用模式识别的方法来进行负荷预测。这种方法特别适用于预测某一地区的负荷。这是因为地区的负荷有它自己明显的特征，并且一地区负荷所受气象条件的影响因地域不广阔也大致相同。

模式识别的方法已经成功地应用于很多方面，尤其是一些现象因影响的因素较多而又无严格的数学描述时，采用识别方法可以获得比较满意的效果。电力系统负荷的变化也可以看成属于这一种类型，可以用图 6－6 的识别过程进行预测。这种方法的原理是将过去的时间 $t_1$，…，$t_n$ 所测得的负荷，按大小分为 $P_1$，…，$P_n$ 等级的模式。然后利用识别方法去决定 $t_{n+1}$ 时的负荷会是哪一级负荷。具体方法是在最大负荷 $P_{\max}$ 和最小负荷 $P_{\min}$ 间，分为 $n$ 级，每级级差为 $\Delta P$

$$\Delta P = \frac{P_{max} - P_{min}}{n} \qquad (6-17)$$

式中：$n$ 一般取为 $30 \sim 60$。预测误差 $1\%$ 左右。

原始数据 → 数据处理 — 特征选择 — 决策 → 预测结果

图 6-6 模式识别的方法

关于时间间隔 $\Delta t = t_n - t_{n-1} = 1$，2，…，通常可以取 $1 \sim 3$ 小时，一般认为在 $1 \sim 3$ 小时内，气象条件不会有很大的变化。因而气象条件这一因素的影响可以看作不变，这样，负荷预测值除考虑日期、小时等时间因素外，还可以考虑气象条件的影响。近来，需要考虑的气象条件作为识别决策的依据有：

（1）前一天和当天的最高温度、最低温度及日平均温度；

（2）前一天和当天的风速；

（3）前一天和当天的日照情况；

（4）前一天和当天的温度（夏季）；

（5）前一天和当天的露点（需要时）。

上面这些气象参数，还可以参照近期内一段时间的数值。

数据处理的目的是计算积累和提取影响负荷预测的各种数据，通常要进行当天和前一天负荷曲线的自相关性分析。而且对有关因素的影响也要进行计算和分析。

特征选择是模式识别方法中的重要一环，用以找出最有影响的一些独立变量，然后用回归方法得出使用的公式。

通过特征选择以后，就可以对选出的变量分类处理。可以采用加权系数，使某些变量的作用增强或减弱。最后决策出在 $t_{n+1}$ 时所最靠近的一类，从而得出负荷预测值，如图 6-7。分类的数目与预测精度有关，也与原始数据的积累情况有关。过去积累的原始数据愈多，预测的精度可能愈高，但是在使用过去几年的负荷资料时，负荷值随国民经济的增长而增长，因而需要计及这种拉长的部分。这可以应用负荷增长系数 $Z_F$ 来计算负荷增长值，即

$$Z_F = \frac{P_{LM} - P_{Lm}}{T} \qquad (6-18)$$

式中：$P_{Lm}$ 为在某一年或某一段时间 $T$ 前的最大负荷最小值；

$P_{LM}$ 为在某一年或某一段时间 $T$ 后的最大负荷最大值。

除了使用负荷增长系数 $Z_F$ 来计及负荷的自然增长部分以外，还可以采用归算负荷值 $P_t$ 来进行分析计算：

$$P_t = \frac{P_t - P_{min}}{P_{max} - P_{min}} \qquad (6-19)$$

式中：$P_t$ 为时间 $t$ 时的负荷；

$P_{min}$ 为某一段时间内或一年的最小负荷；

$P_{max}$ 为某一段时间内或一年的最大负荷。

如果两天的最小负荷或最大负荷的比值相等，可以认为这两天负荷曲线的大致形状相似，于是可以利用外插法进行校正计算。

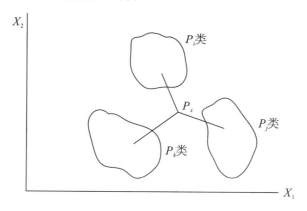

图 6-7　分类的决策过程

# 第五节　人工神经网络模型

人工神经网络 ANN 模型用于负荷预测是基于生物神经元特性的应用。生物神经元具有兴奋和抑制两种状态。当传入的神经冲动使细胞膜电位升高到阈值 $\theta$ 时，细胞进入兴奋状态，产生神经冲动而有输出；反之，传入的神经冲动使细胞电位低于 $\theta$ 时，细胞进入抑制状态，没有神经冲动输出。模拟这种生物神经元的简化人工神经网络的结构如图 6-8 所示。图中共有 3 层神经元，左边一层为输入层，中间一层为隐含层，右为一层为输出层。这是一个多输入单输出的人工神经网络，输出为预测负荷 $P_t$。有多个神经元分别输入预测所需的已知量，如 $P_{(t-1)}$，$P_{(t-2)}$，…，各层神经元依次从上到下排序为 1，2，…。

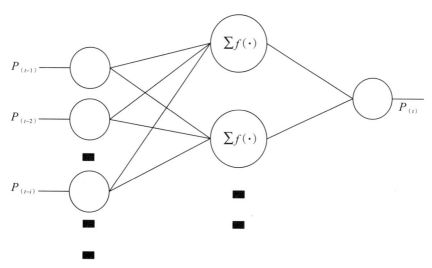

图 6-8　简化人工神经网络

隐含层神经元的输入输出关系可描述为

$$q_j = \sum_{i=1}^{n} a_{ij} p_{(t-1)} - \theta_j \qquad (6-20)$$

$$r_j = f(q_j) \qquad (6-21)$$

式中：$r_j$ 为隐含层第 $j$ 个神经元的输入；

$q_j$ 为隐含层第 $j$ 个神经元的中间处理信息；

$a_{ij}$ 为输入层和隐含层间的连接权值；

$f(\cdot)$ 为传递函数，可以是线性函数或非线性函数，如

（1）sigmoid 函数

$$f(x) = \frac{1}{1 + \exp(-x)} \qquad (6-22)$$

（2）高斯型函数

$$r_j = \exp\left(1 - \frac{1}{2\delta_j^2} \sum_{i-1}^{n} [p_{t-i} - a_{ij}]\right) \qquad (6-23)$$

输入的数据经输入层传向隐含层运算处理后，再前进到输出层，得到结果输出为

$$P_{(t)} = \sum_{k=1}^{m} b_k r_k - \theta_s \qquad (6-24)$$

式中：$m$ 为隐含层的神经元数目。

这种从输入→隐含→输出单向传播的人工神经网络，称为 BP 神经网络，也称为前向神经网络。各层神经元间没有相互刺激作用。

分析式（6-20）、（6-21）和（6-24）可知，要应用这种人工神经网络 ANN 进行负荷预测，必须已知各层神经元之间的连接权值，这可以应用已知的历史样本数据，对 ANN 进行训练。首先给连接权值赋以初值，输入加上样本数据，向前传输经过隐含层，再传到输出层得到输出值。设 $x = \{x_1, x_2, \cdots, x_m\}$ 为输入值，则

$$y = g\{x_1, x_2, \cdots, x_m\} \qquad (6-25)$$

为输出值，$g(\cdot)$ 为映射函数。

在对 ANN 开始训练时，$y$ 与已知实际样本输入值 $y_0$ 存在差异，也即存在误差

$$e = y - y_0$$

将 $e$ 反向传播去修改权值 $\omega$，称为反向 BP 算法，则

$$\omega = \{a_{ij}, b_k \mid i = 1, 2, \cdots, n, j, k = 1, 2, \cdots, m\} \qquad (6-26)$$

修改准则为

$$\min e = \frac{1}{2}(y - y_0)^2 \qquad (6-27)$$

一般采用梯度下降法，可得到 $e(\omega)$ 的梯度修正权值，权向量的修正量为

$$\Delta\omega = -\alpha \frac{\partial e}{\partial \omega} \qquad (6-28)$$

对于给定的样本数据，不断反复修正权值，使输出 $y$ 接近 $y_0$。ANN 的训练过程结束，然后再输入预测用已知数据，通过 ANN 预测新的结果。

使用 ANN 模型进行负荷预测，在实施中要注意下述问题的解决：

（1）使用梯度下降法为避免陷入局部极小，可为权值加些扰动量，使其脱离局部极小区；

（2）防止误差修正收敛太慢或不收敛，可选用误差修正的恰当范围。

# 第六节 负荷管理

电力市场的开展和实施，是利用经济手段有效解决发电、输配电和电力用户间协调发展的问题，即是要通过实时性，对供电和用电进行合理的安排，才能使电力能源最有效地发挥作用，使日负荷曲线有一最佳的安排形式。

负荷管理是电力系统运行调度的主要内容之一。我国电力系统实行三级管理，且每一级调度控制中心都把负荷管理作为一项经常性的重要工作，但是不同级别的调度中心在实现负荷管理时，负荷的含义有所不同。尽管如此，从负荷管理的理论上分析，仍然有着共同的规律和依据。

电力系统负荷管理，应满足如下几个约束条件：

$$\sum_{i=1}^{n} P_{Gi} = \sum_{j=1}^{m} P_{Yj} + P_s \tag{6-29}$$

$$\sum_{i=1}^{n} Q_{Gi} = \sum_{j=1}^{m} Q_{Yj} + Q_s \tag{6-30}$$

$$\sum_{i=1}^{n} A_{Gi} = \sum_{j=1}^{m} A_{Yj} + A_s \tag{6-31}$$

和

$$\sum_{i=1}^{n} B_{Gi} = \sum_{j=1}^{m} B_{Yj} + B_s$$

式中：$P_{Gi}$ 和 $Q_{Gi}$ 分别为第 $i$ 个电源向调度区域供电的有功和无功功率；

$A_{Gi}$ 和 $B_{Gi}$ 分别为第 $i$ 个电源在某一时段供电的有功和无功功率（所调度管理的区域共有 $n$ 个电源）；

$P_{Yj}$ 和 $Q_{Yj}$ 分别为调度区域的第 $j$ 个用电项的有功和无功功率；

$A_{Yj}$ 和 $B_{Yj}$ 分别为第 $j$ 个用电项在某一时段的有功和无功电能（所调度管理的区域共有 $m$ 个用电项）；

$P_s$ 和 $Q_s$ 为调度区域供电和用电过程中的有功和无功损耗的功率；

$A_s$ 和 $B_s$ 则为供电和用电过程中某一时段损耗的有功和无功电能。

电力系统负荷管理的优化，应使下列目标函数趋于最大值，即：

$$\max J = hS + kT \tag{6-32}$$

式中：$S$ 为向负荷供电产生的社会效益，常用工农业的产值来表示；

$T$ 为向负荷供电后，电力企业所获得的电能产值；

$h$ 和 $k$ 为合成电量系数，以处理电能产值和社会效益间的关系。

为了求解以式（6-29）～（6-31）为基本约束条件的目标极值式（6-32）的问题，不同的调度控制中心应根据它的调度管理范围，使式（6-32）中的 $S$ 和 $T$ 能够得到准确的量化计算。要计算社会效益 $S$，可以用用电项（或称为调度用电单位）在使用一千瓦小时电能后产生的产值或当量产值来计算，由于各用电单位的单位用电产值不同，因而分配用电多少不同，则总产值不同。另外，调度控制中心所管理的电源，因电能成本和电价不一样，并且在实施分时计度使用不同的电价，就使电力企业售电所获得的电能产值，随负荷分配的功率和用电量的不同而有较大的差别。所以求解负荷管理的优化问题，就是将负荷需要的电能最佳地分配给各电源，以提高全局性的电能使用效率。

在实时电价高或水电比重大的枯水期，在电力供应紧张的情况下，各用电项得到的用电功率，都希望小于它实际要用的功率，即

$$\sum_j P_{Yj} \leqslant \sum_j P_{Lj} \tag{6-33}$$

$$\sum_j Q_{Yj} \leqslant \sum_j Q_{Lj} \tag{6-34}$$

$$\sum_j A_{Yj} \leqslant \sum_j A_{Lj} \tag{6-35}$$

$$\sum_j B_{Yj} \leqslant \sum_j B_{Lj} \tag{6-36}$$

式中：$P_{Yj}$ 和 $Q_{Yj}$ 分别为第 $j$ 个用电项要求使用的有功功率和无功功率；

$A_{Yj}$ 和 $B_{Yj}$ 分别为第 $j$ 个用电项在某一时段实际要用的有功和无功电能。

求解负荷管理优化的问题，则是在给定的全天各电源供电计划以矩阵 $\boldsymbol{P}_{GNT}$ 和 $\boldsymbol{A}_{GNT}$ 表示的情况下，求出最优的负荷用电和电源供电在技术经济上相适应的安排，以矩阵 $\boldsymbol{P}_{YNT}$ 和 $\boldsymbol{A}_{YNT}$ 表示，使得目标函数 $J$ 为极值，这里

$$\boldsymbol{P}_{GNT} = \begin{bmatrix} P_{G11} & P_{G12} & \cdots & P_{G1(24)} \\ P_{G21} & P_{G22} & \cdots & P_{G2(24)} \\ P_{Gi1} & P_{Gi2} & \cdots & P_{Gi(24)} \\ P_{Gn1} & P_{Gn2} & \cdots & P_{Gn(24)} \end{bmatrix} \tag{6-37}$$

$$\boldsymbol{P}_{YMT} = \begin{bmatrix} P_{Y11} & P_{Y12} & \cdots & P_{Y1(24)} \\ P_{Y21} & P_{Y22} & \cdots & P_{Y2(24)} \\ P_{Yj1} & P_{Yj2} & \cdots & P_{Yj(24)} \\ P_{Ym1} & P_{Ym2} & \cdots & P_{Ym(24)} \end{bmatrix} \tag{6-38}$$

和

$$\boldsymbol{A}_{GNT} = \begin{bmatrix} A_{G11} & A_{G12} & \cdots & A_{G1(24)} \\ A_{G21} & A_{G22} & \cdots & A_{G2(24)} \\ A_{Gi1} & A_{Gi2} & \cdots & A_{Gi(24)} \\ A_{Gn1} & A_{Gn2} & \cdots & A_{Gn(24)} \end{bmatrix} \tag{6-39}$$

以及

$$\boldsymbol{A}_{YMT} = \begin{bmatrix} A_{Y11} & A_{Y12} & \cdots & A_{Y1(24)} \\ A_{Y21} & A_{Y22} & \cdots & A_{Y2(24)} \\ A_{Yj1} & A_{Yj2} & \cdots & A_{Yj(24)} \\ A_{Ym1} & A_{Ym2} & \cdots & A_{Ym(24)} \end{bmatrix} \tag{6-40}$$

式中：下标的第三位表示小时代码，因为一般是以小时进行统计计算的。

现在使用的各级调度自动化系统，一般都以安全运行作为使用目的，但如果增补一些装置，就很易实现负荷经济管理的任务，并得到明显的经济效益和社会效益。

图 6-9 表示一具有负荷管理的综合系统的结构图。它是在调度自动化系统的基础上扩展负荷管理用的计算机。这种结构适用于地方电力负荷管理工作。图中的 $C_1$ 为调度主机，它通过前置的数据收集装置 $S$，收集厂站远程终端送来经解调器解调后的各路远动信息 $D_x$，因而调度主机所联的系统是一实时系统。在这一实时系统上，建有实时数据库 RDB。计算机 $C_2$ 为管理用机，它和 $C_1$ 之间有数据通信，这可以采用计算机局部网络的方式，或一般的数据通信方式来实现。在 $C_2$ 上建有管理数据库 MDB，通过局部网还可以和企业其他的管理微型机和服务器联结。从图中可以看到，这种综合系统负荷管理需要的实时数据，可以将实时系统传送到管理系统中，存入管理数据库 MDB。传送的途径，可以通过局部网传送，也可以直接从数据集结装置 $S$ 传送到 $C_2$。计算机 $C_2$ 可以放在有关管理办公室，既可监视站工作情况，又可作为用电管理和企业管理使用。

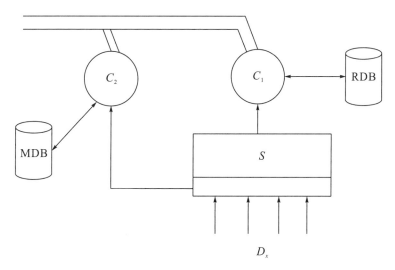

图 6-9　负荷管理综合系统

利用扩展负荷管理功能的调度自动化系统进行负荷管理，其工作方式为计划→管理→控制，被简称为 JGK 方式。

JGK 方式通常是以"日"为时间核算单位，每日又以"小时"为时段预测和安排负荷的用电功率和用电量，具体步骤如下：

（1）安排用电日的前一天，对用电日的电源情况，按小时提出计划供电量，以每小时计算。对于供电局的调度控制中心，供电计划由上级单位下达。对于本身有电厂的电力公司，可以自己编制供电计划，$P_{GNT}$ 和 $A_{GNT}$ 则为已知，送入计算机。

（2）用实时数据库 RDB 中存储的用电日前一天的实际负荷用电资料，作为校核依据，核对负荷实际最大用电率和最大用电量随时间变化的关系，或进行负荷预测。

（3）以社会效益和经济效益综合目标函数 $J$ 为极值，在管理计算机上进行负荷用电安排的优化计算，得到用电日负荷用电安排 $P_{YMT}$ 和 $A_{YMT}$，计算的结果打印成表。

（4）将优化的用电日负荷用电安排下达给有关用电管理单位。

（5）在调度主机上进行用电情况的监督和管理，可以随时根据负荷管理的需要调出各负荷曲线，比较负荷实际用电情况和计划安排的差异，及时加以控制。

（6）用电日结束，即第 24 小时过后，结算当天负荷管理的情况和效果。

整个工作过程如图 6−10 所示，据此编制各计算机的应用程序。

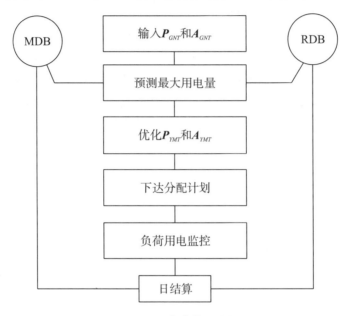

图 6−10　负荷管理流程

用电日结束后，可以由计算机打印出各负荷曲线，如图 6−11 所示。图中同时表示实际用电和计划用电的情况，都以直方条图表示，以便于阅读。图中的空框表示计算安排用电，实框表示实际用电的情况，这样，便可以很清晰地看出超计划或欠计划用电的多少。

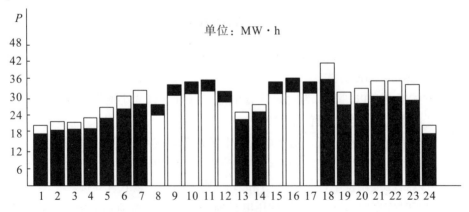

图 6−11　负荷管理的执行曲线

# 第七章　紧急状态的控制和系统的恢复

## 第一节　问题的提出

电力系统在绝大部分时间都是在正常状态下运行，也即是各种等式约束条件和不等式约束条件都得到满足。在正常状态下，系统的运行人员和使用的各种控制设施，都在监视和预防系统出现异常的情况，如负荷突然有很大的变化、输电线、发电机或变压器的断开，以及出现短路故障，产生过电流，或高、低电压等，这些大的干扰都会使系统的约束条件不能满足。特别值得注意的是，一些大的干扰都要使系统出现相应的暂态过程。严重的情况下，暂态过程的结果是使系统解列，系统联合运行的整体性受到破坏，甚至于发展到全系统瓦解，造成大面积停电的灾害性事故。电力系统的紧急状态是系统受到大的干扰时的运行状态。这种运行状态的出现很突然，持续的时间也比较短，因此应有及时的控制措施，使系统运行的整体性不至于被破坏，并且消除约束条件破坏的因素。

目前，研究和使用的紧急控制对策已有许多种，通过运行的实践证明不少方法有明显的效果，如：

第一，按周波或按电压降低依次减少负荷。减负荷的多少与周波或电压下降的程度有关，下降愈多，减负愈多。这种方法的实现是靠低周继电器和电压继电器反应而动作，可以预先离线计算出结果后，给以整定。

第二，切换串联电容。串联电容的作用是可以补偿输电线路的电感抗，如图 7−1 所示。串联不同的电容抗 $X_c$，系统总阻抗不同，即

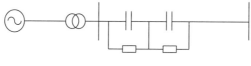

图 7−1　切换串联电容

$$\dot{Z}_c = R + \mathrm{j}(X_L - X_c)$$

使用不同的串联电容，功率极限也不相同。不计电阻时，系统的功率极限可以表示为

$$P_m = \frac{EV}{X_S - X_C} \tag{7−1}$$

改变串联电容的大小，就会改变功率极限，也就可以改善电力系统的动稳定，避免一些发电机失去同步而解列。

第三，投入电气制动。电力系统中，某一发电机的附近出现短路时，发电机输出的有功功率大为减少，因而出现机电暂态过程，发电机要加速就可能失去同步。此时，投入电阻消耗一部分有功功率以减缓发电机的加速情况。投入电阻的方法有两种：一种称为自动投入，另一种称为开关投入。自动投入的方法如图7-2所示。在一些发电厂输出的升压变压器中性点，经电阻接地就是一例。电阻的数值较小，要防止中性点电压升高。在正常运行情况下，三相对称状态，没有电流流过电阻 $R_{B0}$，如果线路上发生不对称短路接地，就有电流 $I_0$ 流过电阻 $R_{B0}$，产生功率消耗。当短路故障切除以后，电流 $I_0$ 消失。这种方法的优点是不需要任何控制设备，装置简单。缺点是控制量的大小和作用时间的长短不可能改变，对称性短路时不起作用。第二种方法为开关投入制动电阻，见图7-3。在故障的紧急状态时，用开关投入制动电阻。这种方法使用比较灵活，虽然投资费用要高一些，但是投入的方式和时间长短都可以根据实际情况加以改变。

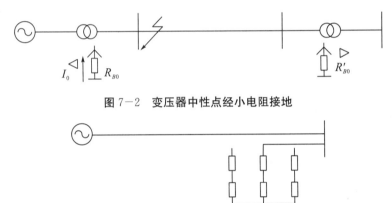

图7-2　变压器中性点经小电阻接地

图7-3　开关投入制动电阻

除了上述几种方法以外，切除部分发电机、加快切除故障时间、采用强行励磁和快关气门、使用分相重合闸等，都是一些补充措施。

现在的电力系统大多数是分区互联，即使是同一地区的电力系统，各发电厂和系统间的联结方式一般也比较复杂，不像过去可以用单机无穷大系统来等效。在紧急状态下，必须对上述的各种控制措施的有效性加以研究，每种控制措施的控制量大小、作用时间等都需要决定，因此就出现了紧急控制有关理论的研究。从理论上分析有关信息的提取、最佳控制规律以及控制方式等问题都还在继续研究中。

在紧急状态下，如果控制失败，系统应人为解列成几个部分，否则会造成大面积停电，系统瓦解进入危急状态。系统瓦解以后，要恢复正常状态，需要长时间和做大量的恢复工作。要求有恢复措施的总体安排和计划，然后，在运行人员干预下，一步步实现恢复正常状态的工作。恢复工作的计算可以由计算机做方案比较，由运行人员参与决定，这方面的工作也在进行研究。

# 第二节　投入串联电容的局部紧急控制

　　互联的电力系统受到大的干扰时，过渡到紧急状态，必须有相应的控制措施保证系统的完整，但是由于大干扰出现的原因和地点不同，控制的对象和控制量的大小也应有所不同，因此，紧急控制的方式要采用中央集中控制。但中央集中控制在信息的传输和处理、控制设备的设置和控制对策的制定等方面，都存在许多困难。多年来，电力系统大都采用局部控制的方式，也即是当各发电厂反应受到大的干扰时，启动有关控制装置，保证该电厂的发电机组不失去同步。控制量的大小，常常采用离线计算的结果加以整定。

　　局部控制是以系统中的重要发电厂为控制对象，当大干扰出现在发电厂的内部，或与它相连的线路发生故障时，局部控制器应能及时动作。与它相连的第二层线路发生故障时，根据要求也应能加以适当的控制，以保证电厂发电机组的动稳定。

　　图 7−4 为一被控电厂的接线图。当相连的线路出现短路故障时，发电机组要出现机电暂态过程，转子的运动方程为

$$\begin{cases} M\dot{\omega} = P_T(\omega) - P_e(\delta) \\ \dot{\delta} = \omega \end{cases} \tag{7-2}$$

式中：$P_T(\omega)$ 为原动机功率；

　　　　$P_e(\delta)$ 为发电机输出的功率；

　　　　$M$ 为机组的惯性常数。

　　发电机输出的电功率由下式计算：

$$P_e = \frac{E'V}{X'_d + X_{BL}} \sin\delta \tag{7-3}$$

式中：$E'$ 为发电机暂态计算用电势；

　　　　$X'_d$ 为发电机暂态电抗；

　　　　$X_{BL}$ 为变压器电抗和线路电抗之和；

　　　　$V$ 为线路受端电压。

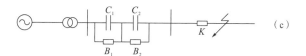

图 7−4　被控电厂接线图

　　现在用 $P-\delta$ 曲线来加以分析，见图 7−5。

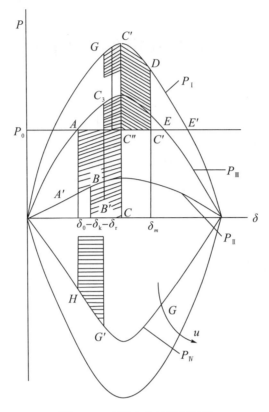

**图 7-5　串联电容的控制过程**

图 7-5 为正常运行情况下，按式（7-3）画出的功率特性曲线。当正常输出的功率为 $P_0$ 时，运行点 $A$ 对应角度 $\delta_0$。在这种情况下，线路如果出现短路，运行点从 $A$ 点立刻过渡到短路时的功率特性曲线 $P_{II}$ 的 $A'$ 点，此时发电机输出的功率 $P'_A$ 小于 $P_T$。由于原动机动率 $P_T$ 仍然等于 $P_0$，根据式（7-2），发电机组要加速运动，角度 $\delta$ 加大，运行点从曲线 $P_{II}$ 的 $A'$ 点到 $B$ 点。线路的开关 K 动作，断开故障线路。发电机输出功率为 0，运行点下降到 $\delta$ 轴上的 $B'$ 点。此时原动机功率仍大于发电机输出功率，机组继续加速，角度 $\delta$ 继续加大，运行点移动到 $\delta$ 轴上的 $C$ 点时，线路开关 K 重合，此时如果没有采取任何紧急措施，运行点从点 $C$ 立刻过渡到特性曲线 $P_I$ 的 $C_3$ 点。从发生故障起到线路开关重合止，机组一直处于加速过程，储存的加速动能 $A_{AC}$ 可以 $A-\delta$ 图形在这部分经历过程所围的面积 $F$ 来表示，即

$$A_{AC} = \int_{\delta_0}^{\delta_r} \Delta p \mathrm{d}\delta = F_{AA'BB'CC''} \tag{7-4}$$

式中：$\delta_r$ 为线路开关重合时的角度。

线路重合以后，发电机输出功率大于原动机功率，机组开始减速，但因此时转子还具有加速动能，所以角 $\delta$ 还要继续加大到 $\delta_m$。运行点将沿 $P_I$ 曲线到达 $E$ 点，如果最大可能的减速动能 $A_{DE}$ 小于加速动能 $A_{AC}$，则发电机组将失去动稳定。最大减速动能 $A_{DE}$ 可以用最大可能减速面积 $F_{C''C_3EC'}$ 来表示，即

$$A_{DE} = \int_{\delta_0}^{\delta'_m} \Delta p \mathrm{d}\delta \cong F_{C''C_3EC'} \tag{7-5}$$

当加速动能 $A_{AC}$ 大于最大可能的减速动能 $A_{DE}$ 时，可以在线路重合的同时，断开旁路开关 $B_1$，投入串联电容 $C_1$，见图 7－4，于是图 7－5 中运行点就立即过渡到功率特性曲线 $P_{Ⅲ}$ 的点 $D$。功率特性曲线 $P_{Ⅲ}$ 可以按下式计算：

$$P_{Ⅲ} = \frac{E'V}{X'_d + X_{BL} - X_{C1}}\sin\delta \qquad (7-6)$$

接入串联电容，减少总电抗，因而特性曲线 $P_{Ⅲ}$ 的最大值增大，对应的最大减速面积 $F_{C'C_3EC'_1}$ 也就加大。选择电容器 $C_1$ 值，可以使最大减速动能大于加速动能，系统就能维持稳定。在这种情况下，运行点在 $P_{Ⅲ}$ 上从 $C'$ 点到达 $D$ 点对应的减速动能等于加速动能，于是相对速度为 0，角度最大达到 $\delta_m$，不再加大。此时发电机输出的功率仍大于原动机功率，机组继续减速，运行点从点 $D$ 沿 $P_{Ⅲ}$ 返回，$\delta$ 角减小。以后，机组的运行点将在 $P_{Ⅲ}$ 来回振荡多次以后，在 $P_{Ⅲ}$ 和 $P_0$ 的交点 $j$ 到达稳态运行。

在一些电力系统中，从线路重合开始，到达稳定状态，约有几秒的时间。发电机的角度 $\delta$ 来回变化，输出功率也随之作大幅度的波动。因此，有人提出采用最佳阻尼控制使运行点从点 $D$，不经过振荡，以很短的时间过渡到新的平衡点 $j$，以免功率振荡危及系统的安全。最佳阻尼控制也可以适时投入串联电容 $C_2$ 来达到。现用状态变量 $x_1$ 表示 $\delta$，$x_2$ 表示相对速度 $\dot{\delta}$，并将系统的阻抗参数 $X = x'_d + X_{BL} - X_{C_1} - X_{C_2}$ 看作控制变量，以 $\mu$ 表示，则得

$$\begin{cases} \dot{x}_1 = x_2 \\ \dot{x}_2 = \dfrac{1}{M}\left(P_T - \dfrac{E'V}{\mu}\sin x_1\right) \end{cases} \qquad (7-7)$$

初始条件为

$$\begin{cases} x_1(t_0) = \delta_r \\ x_2(t_0) = \omega_r \end{cases} \qquad (7-8)$$

在控制过程结束的时间 $t = t_f$ 时，回复到原稳定状态。状态变量 $x_1(t_f)$ 和 $x_2(t_f)$ 为

$$\begin{cases} x_1(t_f) = \delta_0 \\ x_2(t_f) = 0 \end{cases} \qquad (7-9)$$

利用最优控制的最大值原理，因要求以最短时间达到新的稳定运行点，取价值函数

$$x_3 = \int_{t_1}^{t_f} \mathrm{d}t = (t_f - t_0) \qquad (7-10)$$

其约束条件为系统电抗参数

$$X_C \geqslant X_m \qquad (7-11)$$

为了得到最佳控制，用哈米尔顿函数式，即

$$H = \sum_{i=1}^{n} \lambda_i f_i(x, u)$$

可以得到这一问题的函数式为

$$H = \lambda_1 \frac{1}{M}\left(P_T - \frac{E'V}{u}\sin x_1\right) + \lambda_2 x_2 - 1 \qquad (7-12)$$

式中：$\lambda_1$、$\lambda_2$ 为拉格朗日乘子，可根据如下式求得

$$\begin{cases} \lambda_1 = -\dfrac{\partial H}{\partial x_2} = -\lambda \\[2mm] \lambda_2 = -\dfrac{\partial H}{\partial x_2} = \dfrac{\lambda_2}{M}\dfrac{E'V}{u}\cos x_1 \\[2mm] \lambda_3 = 0 \end{cases} \qquad (7-13)$$

将式（7-12）写为 $H_1$ 和 $H_2$ 两部分

$$\begin{cases} H_1 = \lambda_2 x_2 + \dfrac{\lambda_1}{M}P_T - 1 \\[2mm] H_2 = -\dfrac{\lambda_1}{M}\dfrac{E'V}{u}\sin x_1 \end{cases} \qquad (7-14)$$

选择控制变量 $u$，使 $H$ 在最佳轨迹上的每一点都为极大，并要求满足

$$|u| \geqslant U^m U \in \Omega$$

式中：$U^m$ 为 $u$ 的最小值，只有 $H_2$ 是 $u$ 的函数，因而需找到最佳控制 $u_J$ 使 $H_2$ 为极大，分析式（7-14）的第二式，由于 $E'$，$V$，$M$ 都为正实数的常数，所以最佳控制为

$$u_J = U_{\min} \qquad \mathrm{sign}(-\lambda_1 \sin x_1) \qquad (7-15)$$

即

$$\begin{cases} u_J = U_{\min} & \lambda_1 \sin x_1 < 0 \\ u_J = -U_{\min} & \lambda_1 \sin x_1 > 0 \\ u_J = 任意值 & \lambda_1 \sin x_1 = 0 \end{cases}$$

从上式可以看出，最佳控制规律是保证控制变量的约束条件，即 $u$ 为 $U_{\min}$ 值，按照 $\lambda_1 \sin x_1$ 的符号 $a$ 将开关作反复控制，即所谓的反复继电控制，也即是运行点从图 7-5 曲线 $P_{\mathrm{III}}$ 的点 $D$，向左移动到 $G$ 点，此时减速动能为

$$A'_{DE} = \int_{\delta_m}^{\delta_G} P_{\mathrm{III}} \mathrm{d}\delta \qquad (7-16)$$

到达 $G$ 点后，图 7-4 中的开关 $B_2$ 断开，即再投入串联电容 $C_2$，由于

$$X'_d + X_{BL} - X_{C_1} - X_{C_2} < 0$$

则运行点从曲线 $P_{\mathrm{III}}$ 立即过渡到 $P_{\mathrm{IV}}$ 曲线的 $G'$，然后沿着曲线 $P_{\mathrm{IV}}$ 再向左移动 $H$ 点，对应于原始的功角 $\delta_0$ 时，从运行点 $G'$ 到运行点 $H$ 间，发电机输出功率小于原动机功率，并为负值，因而又出现加速动能，如在 $H$ 点所得加速动能

$$\begin{cases} A'_{AC} = \int_{\delta_G}^{\delta_H} P_{\mathrm{IV}} \mathrm{d}\delta \\[2mm] \delta_H = \delta_0 \end{cases} \qquad (7-17)$$

刚好等于运行点 $D$ 到 $G$ 间的减速动能，机组的相对加速度和相对速度都为 0，于是开关 $B_1$ 和 $B_2$ 同时闭合，将电容 $C_1$ 和 $C_2$ 短路，运行点从 $P_{\mathrm{IV}}$ 的 $H$ 点立即回到正常状态的 $A$ 点，原动机的功率和发电机的功率都达平衡，暂态过程就很快结束，回复到正常状态。控制过程的情况还可以用相平面来表示，见图 7-6。

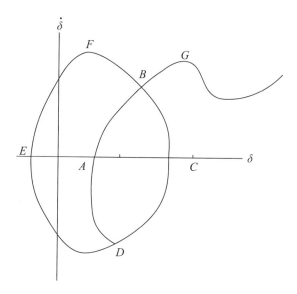

图 7－6　相平面上表示的控制过程

# 第三节　投入制动电阻的局部紧急控制

电力系统中，当发电厂间连接较为复杂，而不是简单的发电厂经过远距离电线联到受端系统的情况，用投入线路串联电容器的方法作为紧急控制会出现技术上的困难。在受到干扰最大的一些发电厂投入制动电阻，常常可以收到好的效果，并已有了一定的经验。采用制动电阻提高系统的动稳定早就得到了应用。但是随着系统结构日趋复杂，用制动电阻实现最佳的紧急控制就要求决定最佳制动量和最佳制动时间，否则，不但在经济上要受到损失，而且也达不到控制的要求。

图 7－7 表示发电机在受到外部短路的大干扰时投入制动电阻的作用。正常情况下，发电机的运行点对应于功率为 $P_0$ 和角度 $\delta_0$，$P_1$ 曲线上的 $A$ 点，这种情况下如果外线发生三相短路，则发电机输出的功率差不多为 0，运行点立刻过渡到 $P=0$，即 $\delta$ 轴上的点 $A'$，这时原动机的功率大于发电机的输出功率，机组开始加速。功角从 $\delta_0$ 开始加大到 $\delta_K$，运行点到 $B'$ 点时，短路故障被切除。运行点过渡到功率特性 $P_{Ⅲ}$ 上的 $B''$ 点，如果不采取任何措施，机组的加速动能

$$A_{AC} = \int_{\delta_0}^{\delta_k} P_0 \mathrm{d}\delta \cong F_{AA'B'B} \tag{7－18}$$

若其大于最大可能的减速动能

$$A_{DEM} = \int_{\delta_k}^{\delta_m} (p_Ⅲ - p_0) \mathrm{d}\delta \cong F_{B'B''CC''} \tag{7－19}$$

式中：$p_Ⅲ = p_{Ⅲm}\sin\delta$。

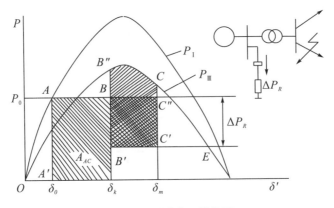

图7-7 制动电阻的作用

这时发电机组将会失去稳定。为了保持发电机组的动稳定，可以在发生故障时启动制动电阻装置；在切除故障时，开关闭合接入制动电阻。由于制动电阻消耗功率为 $\Delta P_R$，因而减速动能就会增加，如图7-7中黑色的面积，当角度增加到 $\delta_m$ 时，减速动能等于加速动能，角度不再加大而开始减小，以后的过程则为继续减速过程。

最佳制动量可以如下决定，即有制动电阻后的最大可能的减速动能恰等于加速动能，于是有

$$\int_{\delta_0}^{\delta_k} P_0 \mathrm{d}\delta = \int_{\delta_k}^{\delta_m} (P_{\mathrm{III}} + \Delta P_R - P_0)\mathrm{d}\delta \tag{7-20}$$

解出上式求出 $\Delta P_R$ 即可得到最小制动功率。

在线路故障时，投入制动电阻的时间要求愈快愈好。但是，这一投入时间由开关动作时间来决定，不可能很小。制动量的大小与短路的形式和发生的地点有关，可以用靠近发电厂高压母线附近发生三相短路接地为条件来分析，而制动电阻的断开时间可以根据对暂态过程结局的要求来处理。

设 $\delta_i$ 为第 $i$ 个发电厂的电势角，则

$$\omega_i = \dot{\delta}_i \tag{7-21}$$

因而有

$$\dot{\omega}_i = \frac{1}{M_i}(P_{Ti} - D_i\omega_i - P_{ei}), i = 1, 2, \cdots, N \tag{7-22}$$

式中：$P_{Ti}$ 为第 $i$ 个发电厂的原动机功率；

$D_i$ 为第 $i$ 个机组的阻尼系数；

$P_{ei}$ 为第 $i$ 个发电机输出的电功率，可以用下式计算：

$$P_{ei} = E_{ii}^2 G_{ii} + \sum_{\substack{j=1 \\ j \neq i}}^{N} C_{ij} E_i E_j \sin(\delta_i - \delta_j) \tag{7-23}$$

式中：$C_{ij}$ 为联结系数，当母线 $i$ 和 $j$ 间有线路联结时，其值取为 1，否则为 0；

$G_{ii}$ 为制动电阻的导纳，其值取 0 时，即未投入制动电阻。

为了求得最佳投入制动时间 $T_z$，可以拟定一个指标函数，即在暂态过程终结时间 $t_f$，有

$$\begin{cases} \omega_i(t_f) = 0 \\ P_{Ti}(t_f) - P_{ei}(t_f) = 0 \end{cases} \tag{7-24}$$

暂态过程的质量指标为

$$J = \frac{1}{2} \int_{t_0}^{t_f} \left[ W_1 \delta_i^2(T_z) + W_2 w_i^2(T_z) \right] \mathrm{d}t \tag{7-25}$$

式中：$W_1$ 和 $W_2$ 为权重系数。

采用制动电阻以后，要求使暂态过程中参数变化的影响最小，即使式（7-25）的目标函数 $J$ 为最小。由于 $\delta_i(T_z)$ 和 $\omega_i(T_z)$ 都与 $T_z$ 有关，而又随时间在变化，所以，便可以按此要求来选择最佳投入制动时间 $T_z$。

为了求解这一最佳控制问题，可以把式（7-21）～（7-25）写为一般化形式。设状态变量 $x$ 为

$$x \triangleq [\delta_i, \omega_i, \cdots]^t \tag{7-26}$$

状态方程式

$$x = f(x, g) \tag{7-27}$$

式中：$g$ 为制动电阻控制量。

可以写出微分方程式为

$$\dot{x} = F(x, g, r), x(t_0) = x_0, x(t_f) = x_\infty \tag{7-28}$$

式中：$F(x, g, r) \triangleq \sum_{j=1}^{m} f(x, g) \left[ h(t - t_{j-1}) - h(t - t_j) \right]$。

$h(t)$ 为一单位阶跃函数：

$$r = (t_1, t_2, \cdots, t_m)^t \tag{7-29}$$

再加上目标函数方程：

$$J = J(T_z) \tag{7-30}$$

上述方程可以采用一些数值方法求得解答。

# 第四节  有协调的局部紧急控制

从日益发展的电力系统的整体来看，采用局部的紧急控制方式，在技术上和经济上都存在不少问题。在技术上，由于在各发电厂进行局部控制，作为控制依据的方程式（7-7）和（7-22）并不能反应整个系统暂态过程中的运行情况，由此为基础而得出的控制量，有时会对其他机组甚至整个系统产生过调等有害影响。从经济上看，也由于在每个发电厂都要装设一套控制设备，使得投资费用增加，运行维护费用也增加。所以摆在面前的问题是如何从整个系统的观点出发，设置最少的控制设备和信号传输装置，以满足紧急控制的要求，即在紧急状态下，使系统不瓦解，并能过渡到正常运行状态。

电力系统是由各分区系统用联络线联结起来的，因此，紧急控制的策略可按分区系统为基础来制定。每一分区系统根据各自的结构特点，采用综合考虑的局部控制，即综合运用紧急控制的各种方法，如按周波或电压减负荷，加快切断故障时间，一些电厂采

用投入制动电阻，必要时也可以切换串联电容器等方法。这样，就可以应用第三章所述的分解方法，把一个复杂而规模大的高阶数学模型，分解为多个低阶且有一定联系的数学模型。为了保证这些联系影响的作用，可以在局部控制的基础上，加上协调的作用，成为三级紧急控制方式，即包括：

(1) 各种分散设置但从综合考虑的局部控制；

(2) 分区系统内部的协调控制；

(3) 分区系统间的协调控制。

用于综合考虑的局部控制，假设安装在第 $k$ 个电厂，则可以写出如下的方程式：

$$\begin{cases} \dot{\delta}_K(t) = \omega_K(t) \\ \dot{\omega}_K(t) = \dfrac{1}{M_K}\left[P_{TK} - D_K\omega_K(t) - P_{lK}(\delta, u_K, \upsilon_K, t)\right] \end{cases} \tag{7-31}$$

式中：$P_{TK}$ 为原动机功率；

$D_K$ 为阻尼系数；

$P_{lK}$ 为输出的电功率；

$u_K$ 为控制变量；

$\upsilon_K$ 为协调控制变量。

输出的电功率 $P_{lK}$ 是有关解度 $\delta$、控制变量 $u$ 和协调控制变量 $\upsilon$ 及时间 $t$ 的非线性函数，可以采用分解方法将它表示为

$$P_{lK}(\delta, u_K, \upsilon_K, t) = P_{lK}(\delta, t) + \Delta P(\delta, u_K, t) + \Delta P(\delta, \upsilon_K, t) \tag{7-32}$$

在一般情况下，如果控制变量 $u_K$ 设置合适，并采取一些技术方法使

$$\Delta P(\delta, u_K, t) >> \Delta P(\delta, \upsilon_K, t) \tag{7-33}$$

则协调作用的要求在技术上也就很容易实现，并不需要太多的信息传送和处理通道。关于目标函数也可以考虑和加入因协调作用而提出的要求。协调控制既应考虑本分区系统的关联，又可以适当考虑外区系统所加的影响。控制策略实现的框图见图 7-8，局部控制器是一快速检测暂态过程情况的检测器，它可以反应暂态过程开始的时间、受扰动量的大小，并可以和扰动前的情况进行比较，估计机组转速的变化，然后根据控制策略，得到控制量的一部分。协调器是根据本区系统送来的远动信息和必要的外部系统送来的远动信息，按照控制策略的协调原则，以得到控制量组成的另一部分，然后通过求和加到执行机构去实现控制。这种紧急控制器可以采用以计算机为核心的电子装置来实现。

值得注意的是，为了达到协调的作用，必须要有远距离的信息传送装置，这将使紧急控制的实现较复杂。因此，一方面必须研究控制策略，使为协调作用而要求的远距离信息尽可能少，并便于得到最小需要的远距离控制信息；另一方面，发展分区系统的中央控制方式，因为在分区系统的控制中心，随时收集了整个系统的各种运行状态的信息，可以在事前或扰动到来之前，进行动态安全分析，把结果存储供给紧急控制使用。因此，系统的动态安全分析是调度控制中心计算机在线应用的一个重要内容。

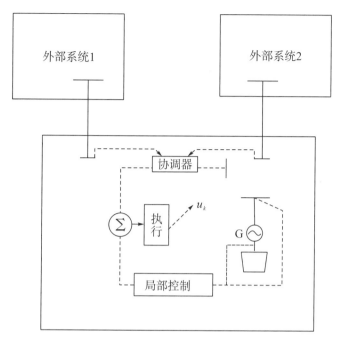

图 7-8　有协调的局部紧急控制方式

# 第五节　解列和再同步

电力系统受到大的干扰会过渡到紧急状态。如果没有恰当的紧急控制，或紧急控制失败，系统将会解列成几个部分，甚至瓦解造成大面积停电。在这种情况下，如果事先能够人为设置几个解列点，把电力系统正确地解列成彼此不同步运行的几个部分，就能防止系统整个瓦解，这是防止系统解列的最后一个处理方法。这个方法在一些系统中使用取得了不少经验，曾经避免了严重事故的发生。

解列点的选择是一个慎重的技术问题。一些系统根据运行的经验人为地设置几个解列点。解列点设置的原则是：

第一，解列后各部分内的功率应基本平衡，或经过自动装置处理后，功率应能平衡。

第二，解列后各部分内的发电机组要求保持同调甚至于同步运行，应避免解列后的各部分内的某些发电机组失去同步。

图 7-9 表示的电力系统中有 4 个发电厂 $G_1$、$G_2$、$G_3$ 和 $G_4$。解列点的设置和故障的位置有关。如果在母线 3 和母线 5 间的线路上靠近母线 5 的一端发生短路，然后开关动作断开故障线路。在这一暂态过程中，通过分析可知，发电机 $G_1$ 和 $G_2$ 的功角变化与 $G_2$ 和 $G_4$ 的功角变化有所不同，见图 7-10。在故障时，发电机 $G_3$ 和 $G_4$ 因送不出多少功率而加速，发电机 $G_1$ 和 $G_2$ 因要多送功率而减速。故障线路断开后，发电机 $G_2$ 与系统解列，$G_4$、$G_1$ 和 $G_2$ 由于转子运动的加速和减速过程，也有可能在最后失步。为

了防止系统因振荡而瓦解，最后只有人为解列。解列点可选母线 3 上的开关 $K_A$ 或 $K_B$。

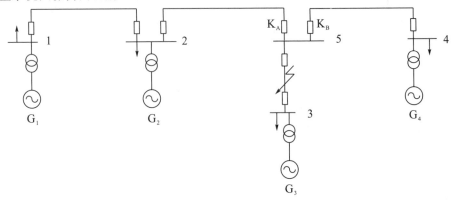

图 7-9　解列点的设置

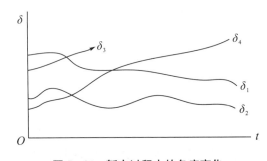

图 7-10　暂态过程中的角度变化

　　如果选开关 $K_B$ 作解列点，则母线 5 上负荷由发电机 $G_4$ 供给。这样满足在解列后两部分内的功率都能大致平衡，否则解列后也不能保证继续稳定运行。

　　系统中一些发电机是否同调运行，可以从图 7-10 的功角随时间的变化曲线看出。$\delta_1$ 和 $\delta_2$ 随时间的变化规律差不多，$\delta_3$ 和 $\delta_4$ 在故障断开以前随时间的变化规律也差不多。为了有一数量上的计算方法，可能用同调指数来表示两个发电机间的同调情况，发电机 $i$ 和 $j$ 的同调指数为 $d_{ij}$，可以用下式计算

$$d_{ij} \triangleq \sqrt{\lim_{T \to \infty} T^{-1} \int_0^T \left[ \Delta \delta_i(t) - \Delta \delta_{j(t)} \right]^2 \mathrm{d}t} \qquad (7-34)$$

式中：$T$ 为暂态过程持续时间，实际计算只算到 1~2 s 即可。

　　因为故障发生的地点不同，各发电机间的同调情况也有所不同，一般可以离线计算。选择几个不同的故障点，用暂态计算程序算出各 $d_{ij}$ 值，离线计算通常采用分段计算法，所式（7-34）可以改写为

$$d_{ij} \triangleq \sqrt{\frac{1}{n} \sum_{k=1}^n \left[ \Delta \delta_{i(k)} - \Delta \delta_{j(k)} \right]^2 \Delta t} \qquad (7-35)$$

式中：$n$ 为时段总数。

　　同调指数 $d_{ij}$ 愈小，发电机间的运行就越接近同调。决定了各个能同调运行的发电机所联的部分系统，然后再根据功率平衡的条件，就可以选择恰当的解列点。

# 第六节　恢复计划的计算机辅助设计

电力系统的恢复控制还是一个不断研究和发展的课题。当系统受到了一些大的干扰，如系统发生了运行稳定问题而转入紧急状态，这时如果系统的有关自动装置动作正确，运行人员处理适当，电力系统会很快过渡到正常运行状态，或接近正常的运行状态。要是系统在紧急状态，有的自动保护装置未能正确动作，或者有的运行人员处理不当，或者在这过程中又出现了多重的事故，电力系统就可能瓦解，造成大面积停电的严重局面，系统将转入恢复状态。尽管系统处于恢复状态的时间和正常运行状态的时间相比，只占很小的一个比例数字，但是大面积停电的局面会给社会生产和人民的生活带来很大的损失。为此，怎样尽快地使电力系统结束恢复状态，转入正常状态运行，是有关人员关心和研究的课题，有着很大的意义和价值，因此也受到世界各国的重视。

电力系统的恢复状态，是一系列的操作过程，包括变压器和输电线路的投入，发电机的并网以及负荷供电的恢复。历来，这一系列的操作过程，都是各级运行人员在电网调度控制中心的统一指挥下，凭积累的经验进行的。但是由于进入恢复状态的原因各不相同，恢复状态的起点也有很大的差别，利用人工控制恢复过程，往往需要很长的时间。在不少情况下，还会出现某些元件过负荷而必须临时采取一些应急的措施的情况。

现代电力系统调度控制中心，能发挥调度自动化设备的能力，当电力系统进入恢复状态时，促使恢复状态能最优地转入正常状态。这里有一些技术问题，同时也有一些理论辨别需要研究解决，其中关键的是恢复过程的数学模型和求解方法。

电力系统的恢复过程是发电厂通过原来曾工作的输变电设备向所有的负荷供电的过程，由于产生恢复过程的原因可能是某些元件出现永久性故障，则这些故障元件不应再投入，而应投入原来未工作的备用元件。当采用计算机对系统运行状态信息进行实时管理，如果发现没有相应备用元件可以使用，则只能恢复到接近原来的正常的状态。系统正常状态的运行参数，可以从计算机数据库中找到，共有下面几类：

第一，系统的电网结构模型为

$$C_N = \left[ I^t \mid J^t \mid B_K^t \mid R^t \mid X^t \right] \tag{7-36}$$

式中：$I$，$J$ 分别为各支路两端的节点号列向量，其值为正，表示该节点端开关闭合，其值为负表示该节点端开关断开；

$B_K$ 为支路并联容纳的一半（取负值时），或变压器的实际分接头变化；

$R$，$X$ 分别为支路的电阻和电感抗列向量。

第二，系统运行状态的量测向量 $Z$，具体表示为

$$Z_N = \left[ P_i^t \mid Q_i^t \mid P_{ij}^t \mid Q_{ij}^t \mid V_i^t \right] \tag{7-37}$$

式中：$P_i^t$ 和 $Q_i^t$ 分别为各个节点注入的有功功率和无功功率列向量；

$P_{ij}^t$ 和 $Q_{ij}^t$ 分别为由一个节点 $i$ 流向另一节点 $j$ 的有功和无功潮流列向量；

$V_i^t$ 为各个节点电压列向量。

一个恢复过程，可以分为 $m$ 个阶段来进行，每一个阶段应该有一个计划，于是整

个的恢复过程便有一个计划序列。用 $\boldsymbol{H}$ 表示计划序列，即

$$\boldsymbol{H} = [H_1, H_2, \cdots, H_m] \tag{7-38}$$

式中：$H_1$，$H_2$，$\cdots$，$H_m$ 分别为第一阶段至 $m$ 阶段的恢复计划。

第一阶段计划 $H_1$ 是使系统由 $\{C_0, Z_0\}$ 恢复到 $\{C_1, Z_1\}$，第二阶段的计划是使系统由 $\{C_1, Z_1\}$ 恢复到 $\{C_2, Z_2\}$。依此计划进行，则计划序列 $\boldsymbol{H}$ 的执行完成，使系统由恢复的起始状态 $\{C_0, Z_0\}$，过渡到正常或接近正常的状态 $\{C_m, Z_m\}$，即

$$\boldsymbol{H} = \{H_i, i = 1, 2, \cdots, m\}\{C_{i-1}, Z_{i-1}\} \rightarrow \{C_i, Z_i\} \tag{7-39}$$

每一个阶段计划的恢复情况，由各阶段具体的操作情况决定，一般为几分钟到几十分钟。恢复过程可以应用计算机来帮助制定恢复计划序列，这一过程相当于在很短的实时情况下，进行数学规划，为此需要制定相适应的指标函数，并确定恰当的约束条件。恢复过程的指标函数，以合简称为恢复系数，用 $J$ 表示。为了能较快地完成恢复过程，$m$ 应尽可能少一些，对于每一恢复计划，发电机的出力应充分利用，负荷的需要应尽量满足，网络的结构应尽可能地恢复。为此，定义第 $i$ 个恢复计划的指标函数为

$$J_i = \frac{P_F(i) - P_G(i)}{P_F(i)} + \frac{P_H(i) - P_L(i)}{P_H(i)} + \frac{L_E(m) - L(i)}{L_E(m)} \tag{7-40}$$

式中：$J_i$ 为第 $i$ 个恢复计划的指标函数；

$P_F(i)$ 为第 $i$ 个恢复计划执行后，所有投入运行发电机额定出力之和；

$P_G(i)$ 为第 $i$ 个恢复计划执行后，所有投入运行发电机的实际出力之和；

$P_H(i)$ 为第 $i$ 个恢复计划执行后，所有负荷的需要量；

$P_L(i)$ 为第 $i$ 个恢复计划执行后，实际供给的负荷量；

$L_E(m)$ 为整个恢复计划序列完成后，电网中总运行线路数；

$L(i)$ 为第 $i$ 个恢复计划执行后，投入运行的线路数。

分析式（7-40）可知，如果 $J_i = 0$，则可以认为系统已完成恢复，而当 $J_i = 3$，则系统处于崩溃状态。恢复系数 $J$ 应该反映整个恢复计划序列的情况，故有

$$J = j_1 + j_2 + \cdots + j_m = \sum_{j=1}^{m} J_i \tag{7-41}$$

制定恢复计划系列，则应使 $J$ 为极小，即求得

$$\min J = \min \sum_{i=1}^{m} J_i \tag{7-42}$$

求出各恢复计划的 $C$ 和 $Z$，并要求有

$$J_1 > J_2 > \cdots > J_m \tag{7-43}$$

有时为了便于分析比较，希望恢复系数在 $0 \sim 1$ 之间，则可将式（7-40）改写为

$$J_i = \frac{1}{3}\left( \frac{P_F(i) - P_G(i)}{P_F(i)} + \frac{P_H(i) - P_L(i)}{P_H(i)} + \frac{L_E(m) - L(i)}{L_E(m)} \right) \tag{7-44}$$

式（7-41）则为

$$J = \frac{1}{m}(J_1 + J_2 + \cdots + J_m) = \frac{1}{m}\sum_{i=1}^{m} J_i \tag{7-45}$$

式（7-45）和式（7-41）的意义基本相同，而式（7-45）和式（7-42）则有所不同，在使 $J$ 为极小时，式（7-45）没有考虑使恢复计划数 $m$ 为最佳值。

需要满足的约束条件是首先应使各发电机出力 $P_G(i)$ 在运行要求的极限范围以内，即

$$P_{Gmax}(i) \geqslant P_G(i) \geqslant P_{Gmin}(i) \qquad (7-46)$$

式中：$P_{Gmax}(i)$ 和 $P_{Gmin}(i)$ 分别为第 $i$ 个计划中，发电机最大和最小有功出力。

其次应使各条线路的有功潮流 $P_S(i)$，不超过系统稳定和电机电荷载允许条件下的最小值，即线路的最大潮流允许值，所以有

$$P_{Smin}(i) \geqslant P_S(i) \qquad (7-47)$$

式中：$P_{Smin}(i)$ 为第 $i$ 个计划中，线路最大允许有功潮流。

第三，还应保证系统发电和用电的功率平衡，则

$$\sum_j P_{Gj}(i) = \sum_k P_{LK}(i) + P_{SR} \qquad (7-48)$$

式中：$\sum_j P_{Gj}(i)$ 为所有投入运行的发电机发出的有功出力求和；

$\sum_k P_{LK}(i)$ 为对所有的负荷取用功率求和；

$P_{SR}$ 为网络元件的有功总损耗。

关于无功功率也可以得到上面类似的公式，并采用就近平衡的方法。

制订恢复过程的最优计划序列，实质上是求解式（7-41）或式（7-45）及有关约束条件式（7-46）、（7-47）和式（7-48）最优化的过程，这相当于求解离散时间的最优问题。但是如果计划有 $m$ 个计划，则求解的变量数就会有 $m$ 倍，解题的规模很大，用计算机实时进行计算，将会遇到一定的困难，所以必须采用适当的方法来处理。

计划序列的时间关系如图 7-11 所示。

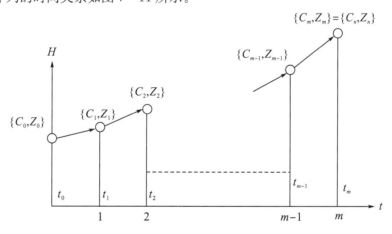

**图 7-11  恢复计划序列**

图 7-11 中，横坐标表示计划序列号执行后系统的状态编号。从系统状态 $\{C_0，Z_0\}$ 因执行计划 $H_1$ 的结果，使系统状态过渡到 $\{C_1，Z_1\}$。然后执行计划 $H_2$，使系统的状态又过渡到 $\{C_2，Z_2\}$…执行每一计划，需要进行开关操作，需要进行发电机出力的调节，因而需要一定的时间。因此，从恢复状态开始的时间 $t_0$ 起，每执行完一个计划，就有相应的一个时间，于是，可以用下式表示

$$\begin{cases} X(t_0) = \{C_0, Z_0\} \\ X(t_1) = \{C_1, Z_1\} \\ \cdots \\ X(t_{m-1}) = \{C_{m-1}, Z_{m-1}\} \\ X(t_m) = \{C_m, Z_m\} = \{C_N, Z_N\} \end{cases} \tag{7-49}$$

式中：$X$ 称为系统的状态参数矩阵，表示系统的状态参数。

这样便可以把求解的问题一般化为

$$\min J(X, t) \tag{7-50}$$

且满足不等式约束条件为

$$f(x, t) \leqslant 0 \tag{7-51}$$

和等式约束条件为

$$d(x, t) = 0 \tag{7-52}$$

引入拉格朗日未定常数 $\lambda$ 和 $\mu$ 以后，进一步得到一无约束的求极小问题。构成求解的方程式为

$$\varphi = J + \lambda d + \sum \mu f \tag{7-53}$$

上式等号右边的第一项表示恢复过程计划序列的恢复系数，也即是恢复过程的指标。第二项是在恢复过程中，满足发电厂出力和负荷功率平衡条件有关的指标。第三项表示与系统各支路潮流情况有关的指标。

前面已经说明函数 $J$，$f$ 和 $d$ 不但与状态有关，而且还是一系列时间的函数。通常，等式约束条件式（7-52）和不等式约束条件式（7-51），在计划序列的前后计划之间没有互相影响的函数关系。于是式（7-53）便可以在时间坐标上解耦，分解成 $m$ 个相互独立的求解问题。这样的结果，便可以把一个 $m$ 倍变量数的规模很大的问题，变成为 $m$ 个规模小的分问题进行处理因而满足实时计算时间和简化计算方法的要求。要是在不等式约束条件中，还需要考虑发电机在开机时增加出力所受到时间限制的条件，如果这些条件用分段线性化的关系来表示，也可以用分解法在时间坐标上解耦。

式（7-52）在时间上分解以后，就可以对计划序列中的 $m$ 个计划分别进行计算，或分解迭代计算，因而便有

$$\varphi_i = J_i + \lambda_i d_i + \sum \mu_i f_i, \forall i = 1, 2, \cdots, m \tag{7-54}$$

为了求得最优的恢复计划，根据上式可以变为求解如下的方程组

$$\frac{\partial \varphi_i}{\partial P_{Gj}} = \frac{\partial J_i}{\partial P_{Gj}} + \lambda_i \frac{\partial d_i}{\partial P_{Gj}} + \sum \mu_i \frac{\partial f_i}{\partial P_{Gj}}, j = 1, 2, \cdots, N_G \tag{7-55}$$

$$\frac{\partial \varphi_i}{\partial P_{LK}} = \frac{\partial J_i}{\partial P_{LK}} + \lambda_i \frac{\partial d_i}{\partial P_{LK}} + \sum \mu_i \frac{\partial f_i}{\partial P_{LK}}, K = 1, 2, \cdots, N_K \tag{7-56}$$

$$\frac{\partial \varphi_i}{\partial \lambda_i} = d_i = 0 \tag{7-57}$$

$$\frac{\partial \varphi_i}{\partial \mu_i} = f_i \leqslant 0, \mu_i f_i \leqslant 0, \mu_i \geqslant 0, \forall i = 1, 2, \cdots, m \tag{7-58}$$

式中：$N_G$ 为发电机总数；

$N_L$ 为负荷总数。

　　求解上述方程组，制订恢复计划序列中的每一个计划，首先应该决定每一个计划执行结果的最合理网络结构。从一个计划过渡到另一个计划，应该进行一些适当的操作，使一个发电机并入电网，或使分离的两部分电网并联运行，然后再投入相应的变压器和线路，让系统具有一个相对合理的结构，在此基础上，找出最佳发电机功率为 $P_{G1} \cdot P_{G2} \cdots$，与之相适应的负荷功率为，$P_{L1} \cdot P_{L2} \cdots$，并保证不使线路或变压器出现不允许过负荷的情况。

# 第八章  电力系统运行的可靠性分析

## 第一节  概  述

电力系统运行的可靠性很早就受到了一些人的注意。几十年来随着电力系统的发展，对供电要求的提高，促使电力系统运行可靠性分析方法的研究进一步发展。可靠性问题是系统工程的一个普遍性问题。因此，可靠性理论已成为一个基础性的理论，并有了一些普遍性的分析研究方法，把这些基础理论和方法用于电力系统也得到了实用的效果。

电力系统运行的可靠性是指向用户不间断供电的量度，这里所说的不间断供电，必须要保证供电的质量，如频率和电压应在要求的范围以内。因此，电力系统的可靠性和许多不确定因素有关，所以分析电力系统的可靠性，常常采用概率论的有关方法来建立数学模型，并加以评定。

电力系统由许多发电机、变压器和输配电线路组成，这些元件中如果有一个发生故障，都会影响供电的可靠性。如果某一元件故障的概率为 $p_g$，而正常运行的概率为 $p_h$，则

$$p_h + p_g = 1 \tag{8-1}$$

一个线路 L 和一个变压器 B 串联运行，如图 8-1 所示。显然，变压器和线路有任何一个元件故障，供电都要中断。在分析两个元件串联工作的供电可靠性时，应该用两重概率定理。设 $p_h(B)$ 为变压器正常运行的概率，$p_h(L)$ 为线路正常运行的概率，则 $p_h(B \cdot L)$ 为变压器和线路都正常运行的概率，即

$$p_h(B \cdot L) = p_h\left(\frac{B}{L}\right) p_h\left(\frac{L}{B}\right) = p_h\left(\frac{L}{B}\right) p_h\left(\frac{B}{L}\right) \tag{8-2}$$

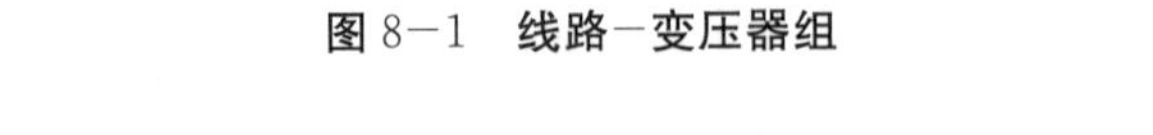

**图 8-1  线路-变压器组**

这里 $p_h\left(\frac{B}{L}\right)$ 为线路 L 正常运行情况下，变压器 B 也正常运行的概率。同样 $p_h\left(\frac{L}{B}\right)$ 则是变压器正常运行情况下，线路 L 也正常运行的概率。如果变压器和线路出现故障是各自独立的，则有

$$p_h\left(\frac{B}{L}\right) = p_h(B) \tag{8-3}$$

$$p_h\left(\frac{L}{B}\right) = p_h(L) \tag{8-4}$$

例如在一年的 8 760 小时中，线路正常运行的概率为 0.7，变压器正常运行的概率为 0.85。又如两者出现故障是各自独立的，则

$$p_h(B \cdot L) = p_h(B) p_h(L) = 0.85 \times 0.7 = 0.593 \tag{8-5}$$

但是在实际运行中，线路受雷击发生短路故障时，由于电流过大，常使变压器也出现故障，因而变压器和线路是有关联的，所以，变压器和线路同时故障的概率为

$$p_g(B \cdot L) = p_g\left(\frac{B}{L}\right) p_g(L) \tag{8-6}$$

或

$$p_g(B \cdot L) = p_g\left(\frac{L}{B}\right) p_g(B) \tag{8-7}$$

如线路在一年中故障概率为 0.3，在线路故障情况下，而变压器又出现故障的概率为 0.08，则线路和变压器都出现故障的概率为

$$p_g(B \cdot L) = p_g\left(\frac{B}{L}\right) p_g(L) = 0.08 \times 0.3 = 0.024 \tag{8-8}$$

值得注意的是变压器和线路串联以后，无论变压器故障或线路故障，供电都要中断，则线路变压器组的断电概率，可用概率相加定理来计算，即

$$p_g(B+L) = p_g(B) + p_g(L) - p_g(B \cdot L) \tag{8-9}$$

用上面的数据可以计算得

$$p_g(B+L) = (1-0.85) + 0.3 - 0.024 = 0.426 \tag{8-10}$$

式（8-9）中，当把线路和变压器的故障看成相互无关时，则

$$p_g(B \cdot L) = 0 \tag{8-11}$$

# 第二节　数学模型

电力系统中任何一个运行的元件出现故障，都要影响供电的可靠性。元件故障以后，需要进行检修。一般认为，检修好的元件投入运行，应该和故障前的特性相同。但是检修时间的长短，却直接影响系统供电的可靠性。

分析电力系统运行可靠性的最简单模型，称为双态模型，见图 8-2。系统的输电线路可能是在运行状态，用 $W_h$ 表示，也可能是在事故状态，用 $W_g$ 表示；在运行状态 $W_h$，由于线路故障的"转变" $Z_g$，变为事故状态 $W_g$。从事故状态，对故障元件经过修复，系统通过"转变" $Z_h$，变为运行状态 $W_h$。

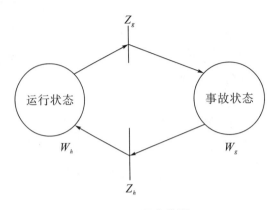

图 8-2  双态模型

系统正常运行状态的概率，当时间为 $t$ 时写作 $p_h(t)$，故障的概率为 $p_g(t)$，于是有

$$p_h(t + \Delta t) = (1 - \lambda \Delta t)p_h(t) + p_g(t)\alpha \Delta t \qquad (8-12)$$

$$p_g(t + \Delta t) = (1 - \alpha \Delta t)p_g(t) + p_g(t)\lambda \Delta t \qquad (8-13)$$

式中：$\lambda$ 为故障率；

$\alpha$ 为修复率；

$\Delta t$ 为时间间隔。

将上两式改写后，使 $\Delta t \to 0$ 求极限，即

$$\lim_{\Delta t \to 0} \frac{p_h(t + \Delta t) - p_h(t)}{\Delta t} = -\lambda p_h(t) + \alpha p_g(t) = \frac{\mathrm{d}p_h(t)}{\mathrm{d}t} \qquad (8-14)$$

$$\lim_{\Delta t \to 0} \frac{p_g(t + \Delta t) - p_g(t)}{\Delta t} = -\alpha p_g(t) + \lambda p_k(t) = \frac{\mathrm{d}p_g(t)}{\mathrm{d}t} \qquad (8-15)$$

当 $t = 0$ 时

$$\begin{cases} p_h(0) = 1 \\ p_g(0) = 0 \end{cases} \qquad (8-16)$$

用拉氏变换求解上两式为

$$\begin{cases} p_h(s) = \dfrac{s + \alpha}{s^2 + s[\lambda + \alpha]} \\ p_g(s) = \dfrac{\lambda}{s^2 + s[\lambda + \alpha]} \end{cases} \qquad (8-17)$$

再求反变换得

$$p_h(t) = \frac{1}{\gamma}(\alpha + \lambda \mathrm{e}^{-\gamma t}) \qquad (8-18)$$

$$p_g(t) = \frac{\lambda}{\gamma}(1 - \mathrm{e}^{-\gamma t}) \qquad (8-19)$$

式中：$\gamma = (\lambda + \alpha)$。

这种双态模型的运行可靠性指标 $R(t)$，可以表示和定义为

$$R(t) \triangleq p_h(t) = \frac{1}{\gamma}(\alpha + \lambda \mathrm{e}^{-\gamma t}) \qquad (8-20)$$

长期故障的概率，即 $t \rightarrow \infty$ 时

$$p_g(t \rightarrow \infty) = p_g(\infty) = \frac{\lambda}{\gamma} \tag{8-21}$$

分析式（8-20）可见，故障的概率为一指数函数。

与以上的双态模型相比还有另一种模型三态模型，有双回路的输电线路，可能有三种状态：一是双回路线路都在运行；二是一条线路运行，一条线路故障；三是双回路线路都故障（如图8-3所示）。

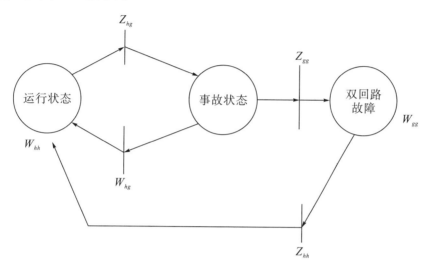

**图 8-3 三态模型**

由图8-3可得模型的微分方程式为双回路都正常运行时

$$\frac{\mathrm{d}p_{hh}(t)}{\mathrm{d}t} + 2\lambda p_{hh}(t) = \alpha p_{hg}(t) \tag{8-22}$$

一回路运行，一回路故障时

$$\frac{\mathrm{d}p_{hg}(t)}{\mathrm{d}t} + (\alpha + \lambda) p_{hg}(t) = 2\lambda p_{hh}(t) \tag{8-23}$$

双回路都故障时

$$\frac{\mathrm{d}p_{gg}(t)}{\mathrm{d}t} = \lambda p_{hg}(t) \tag{8-24}$$

在时间 $t = 0$ 时

$$p_{hh}(0) = 1$$
$$p_{hg}(0) = 0$$
$$p_{gg}(0) = 0$$

式（8-22）～式（8-24）的解为

$$p_{hh}(t) = \left( \frac{\gamma + \beta_1}{\Delta} \right) \mathrm{e}^{\beta_1 t} - \left( \frac{\gamma + \beta_2}{\Delta} \right) \mathrm{e}^{\beta_2 t} \tag{8-25}$$

$$p_{hg}(t) = \frac{2\lambda}{\Delta} \mathrm{e}^{\beta_1 t} - \frac{2\lambda}{\Delta} \mathrm{e}^{\beta_2 t} \tag{8-26}$$

$$p_{gg}(t) = \frac{\Delta + \beta_1 e^{\beta_1 t} - \beta_2 e^{\beta_2 t}}{\Delta} \tag{8-27}$$

式中：$\gamma = \lambda + \alpha$；

$\Delta = \beta_1 - \beta_2$；

$\beta_{1,2} = \dfrac{-B \pm \sqrt{D}}{2}$；

$B = 3\lambda + \alpha$；

$D = \lambda^2 + 6\lambda\alpha + \alpha^2$。

这种双回路线路的可靠性 $R(t)$，由式（8-25）和（8-26）可得

$$R(t) = p_{hh}(t) + p_{hg}(t) = \left(\frac{\gamma + \beta_1 + 2\lambda}{\Delta}\right)e^{\beta_1 t} - \left(\frac{\gamma + \beta_2 + 2\lambda}{\Delta}\right)e^{\beta_2 t} \tag{8-28}$$

故障间的运行平均时间 $t(h)$，可以由上式积分后求得

$$t(h) = \int_0^\infty R(t)\mathrm{d}t = \frac{3}{2\lambda} + \frac{\alpha}{2\lambda^2} \tag{8-29}$$

如双回路线路的 $\lambda$ 和 $\alpha$ 分别为

$$\lambda = 0.005 \text{ 次故障 / 小时}$$

$$\alpha = 0.04 \text{ 次修复 / 小时}$$

则可得

$$t(h) = \frac{3}{2 \times 0.005} + \frac{0.04}{2 \times (0.005)^2} = 300 + 800 = 1\,100(\text{小时})$$

第三种模型称为有备用的三态模型。如在正常情况，一台变压器运行，另一台备用，用 $W_{ho}$ 表示。第二种状态是运行的变压器故障以后，备用变压器立刻投入运行，用 $W_{hg}$ 表示。第三种状态为两台变压器故障，用 $W_{gg}$ 表示，如图 8-4 所示。

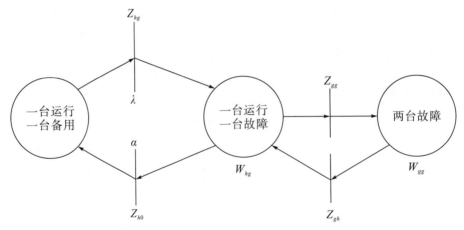

图 8-4　有备用的三态模型

由图 8-4，可得模型的微分方程式为

$$\frac{\mathrm{d}p_{hh}(t)}{\mathrm{d}t} + \lambda p_{hg}(t) = p_{hg}(t)\alpha \tag{8-30}$$

$$\frac{\mathrm{d}p_{hh}(t)}{\mathrm{d}t} + \lambda p_{hg}(t) = p_{hg}(t)\alpha \tag{8-31}$$

$$\frac{\mathrm{d}p_{gg}(t)}{\mathrm{d}t} = p_{gh}(t)\lambda \tag{8-32}$$

在时间 $t = 0$ 时，有

$$p_{hh}(0) = 1$$

$$p_{hg}(0) = 0$$

$$p_{gg}(0) = 0$$

式（8-30）～（8-32）的解为

$$p_{hh}(t) = \frac{1}{\beta}(\Delta \mathrm{e}^{\beta_1 t} - \gamma \mathrm{e}^{\beta_2 t}) \tag{8-33}$$

$$p_{hg}(t) = \frac{\lambda}{\beta}(\mathrm{e}^{\beta_1 t} - \mathrm{e}^{\beta_2 t}) \tag{8-34}$$

$$p_{gg}(t) = \frac{\beta + \beta_2 \mathrm{e}^{\beta_1 t} - \beta_1 \mathrm{e}^{\beta_2 t}}{\beta} \tag{8-35}$$

式中：$\Delta = \alpha + \lambda + \beta_1$；

$\gamma = \alpha + \lambda + \beta_2$；

$\beta = \beta_1 - \beta_2$。

这种有备用系统的可靠性 $R(t)$，可以由式（8-33）和（8-34）求得

$$R(t) = p_{kh}(t) + p_{hg}(t) = \frac{1}{\beta_n}\left[(\Delta + \lambda)\mathrm{e}^{\beta_1 t} - (\gamma + \lambda)\mathrm{e}^{\beta_2 t}\right] \tag{8-36}$$

经过积分后，可得故障间的运行平均时间为

$$t_{(h)} = \frac{2}{\lambda} + \frac{\alpha}{\lambda^2} \tag{8-37}$$

# 第三节　系统结构的可靠性分析

电力系统是由许多元件，如发电设备、输变电设备等相互联结，构成的一个系统。因此，有一个元件出现故障，都要影响系统的正常工作，但是元件的联结方式不同，对系统可靠性的影响也就有所不同。元件的联结方式一般分为串联、并联和复联。

元件串联的结构图如图 8-5 所示。这种情况对应于发电机变压器组经过开关联结到高压母线上。这种串联的结构，运行可靠性的特点是任何一个元件故障，系统都不能工作，因而也就认为是系统故障。如果设串联元件依次用 $E_1$，$E_2$，…，$E_k$ 表示，每一元件无故障的概率为 $p_h(E_1)$，$p_h(E_2)$，…，$p_h(E_k)$，则整个串联结构的正常运行概率 $P_z$ 为

$$P_z = p_h(E_1, E_2, \cdots, E_k) = p_h(E_1) \cdot p_h(E_2) \cdot \cdots \cdot p_h(E_k) \tag{8-38}$$

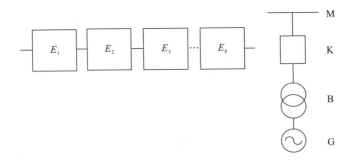

图 8-5　串联

又如每一元件的可靠性为

$$\begin{cases} P_1 = p_h(E_1) \\ P_2 = p_h(E_2) \\ \cdots \\ P_k = p_h(E_k) \end{cases} \tag{8-39}$$

则有

$$P_z = P_1 P_2 \cdots P_k = \prod_{i=1}^{k} P_i \tag{8-40}$$

为了改善系统的可靠性，可以采用并联结构。如发电机、变压器都并连接到母线上，结构如图 8-6 所示。这种并联结构的特点是只有当所有并联着的元件故障，整个结构系统才不能工作，设并联结构系统的故障率为

$$G_B = p_g(E_1, E_2, E_3, \cdots, E_k) = p_g(E_1) \cdot p_g(E_2) \cdot p_g(E_3) \cdot \cdots \cdot p_g(E_k) \tag{8-41}$$

式中：$P_g(E_k)$ 表示元件 $k$ 故障的概率，用 $G_k$ 表示。

则

$$G_B = G_1 G_2 G_3 \cdots G_k = \prod_{i=1}^{k} G_i \tag{8-42}$$

为了求得并联结构系统的正常运行概率 $P_B$，因已知

$$P_B + G_B = 1 \tag{8-43}$$

所以可得

$$P_B = 1 - G_B = 1 - \prod_{i=1}^{k} G_i \tag{8-44}$$

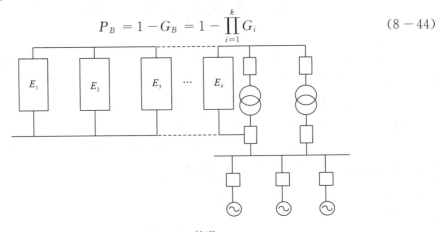

图 8-6　并联

关于并联结构系统运行可靠性的计算，还有另外一个最低数量要求。例如五台发电机并联到低压母线上，经过三台变压器升压送到高压母线上。系统要正常工作，三台变压器中至少有两台要能工作，才能将五台发电机的功率送出。这种情况的正常运行概率可用下式计算

$$P_{j/k} = \sum_{i=j}^{k} C_j^k (1-G)^i G^{k-i} \tag{8-45}$$

式中：$j$ 为要求并联工作的最少元件数。

$$C_j^k = \frac{k!}{(k-j)!j!}$$

复联结构系统是上述串联和并联结构的组合，在分析图 8-6 的主接线图时，从发电机和变压器的角度来看，为并联结构，但是从每一支线的角度来看，是既有串联，又有并联的结构。通常的桥形结构，也是一种复联结构。数量较多的元件复联以后，它们的可靠性计算，可以采用两种方法：一种方法是串并合并法，另一种是结构分解法。串并合并法主要用于元件的联结是由串联和并联构成的复合联结，如图 8-7 所示。系统的结构可以这样分析：有的元件为串联，如元件 1 和元件 2；有的为并联，如元件 3 和元件 1+2 串联后的并联，然后再和元件 4 串联。如果用符号"//"表示并联，以符号"+"表示串联，则系统的结构式为

$$S = [(1+2) \mathbin{/\!/} 3] + 4 \tag{8-46}$$

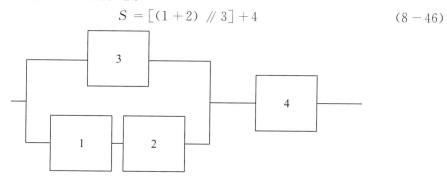

图 8-7 复合联结

于是便可以应用前面所介绍的公式对图 8-7 的结构计算如下
根据式（8-40）可得

$$P_{12} = P_1 P_2 \tag{8-47}$$

根据式（8-44）可得

$$P_{123} = 1 - G_3 G_{12} = 1 - (1-P_3)(1-P_{12}) \tag{8-48}$$

最后可算出整个系统的可靠性为

$$R = P_{1234} = [1 - (1-P_3)(1-P_{12})]P_4 \tag{8-49}$$

结构分解法适用于不能使用串并合并法的结构，特别适合于像桥形联结这样的结构，如图 8-8 所示。这种结构在处理时，如果把元件 1 取掉，就能很容易用串并合并法计算。元件 1 称为关键性元件。首先认为它是安全可靠的，因而取掉它会影响结构的计算；然后再考虑它的作用。设元件 J 为关键性元件，则利用条件概率公式，可得系统的可靠性为

$$p = p(\text{J})p(\text{系统可靠}/\text{J可靠}) + p(\text{J})p(\text{系统可靠}/\text{J不可靠}))$$
$$= p(\text{J})p(s/\text{J}) + p(\text{J})p(s/\bar{\text{J}}) \tag{8-50}$$

式中：$P(\text{J})$ 为元件 J 无故障的概率；

$p(s/\text{J})$ 为元件 J 无故障时系统的可靠性；

$p(s/\bar{\text{J}})$ 为元件 J 有故障时系统的可靠性。

对于图 8-7 的结构，$\text{J}=1$，所以：

$$p(1) = P_1$$
$$P(\text{J}) = 1 - P_1$$

则

$$p(s/\text{J}) = 1 - (1-P_2)(1-P_4)$$
$$p(s/\bar{\text{J}}) = 1 - [1-(1-P_3)(1-P_4)]P_2$$

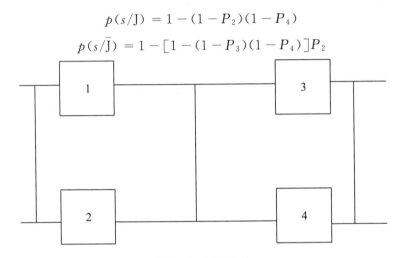

图 8-8　桥形联结

这样，根据式（8-50）可得系统的可靠性为

$$R = P_1[1-(1-P_3)(1-P_4)] + (1-P_1)[1-(1-P_2)(1-P_4)P_2] \tag{8-51}$$

# 第四节　发电厂的可靠性分析

一般的发电厂，都装有多台发电机。在运行中，不可能所有的发电机都发生故障，而且发电机的故障都是相互独立的。于是便可经计算在 $m$ 台发电机组中，有 $k$ 台发电机发生故障的概率。

设 $p_h$ 表示一台发电机组正常运行的概率，$p_g$ 为一台发电机组故障的概率，对于有 $m$ 台发电机组的电厂来说，则有

$$(p_h + p_g)^m = 1 \tag{8-52}$$

若 $m=3$，则上式成为

$$(p_h + p_g)^3 = p_h^3 + 3p_h^2 p_g + 3p_h p_g^2 + p_g^3 \tag{8-53}$$

式中：$p_h^3$ 为三台发电机都在运行的概率；

$3p_h^2 p_g$ 为三台发电机中有两台在运行，有一台故障的概率；

$3p_h p_g^2$ 为三台发电机中有一台运行，有两台故障的概率；

$p_g^3$ 为三台发电机都故障的概率。

$m$ 台发电机中，有 $k$ 台故障的概率，写成通式为

$$p_{K_g}^m = \frac{m!}{K!(m-K)!}(1-p_h)^K (1-p_g)^{m-K} \qquad (8-54)$$

例如，一发电厂有五台相同的发电机，每台机组的故障概率相互独立且都相同。若有 $\lambda = 0.02$ 次故障/小时，维修率为 $\alpha = 0.005$ 次修理/小时。因此，可得

$$p_g = \frac{\lambda}{\lambda + \alpha} = 0.285\,7$$

$$p_h = 1 - p_g = 0.714\,3$$

所以 $\qquad p_{3g}^5 = \frac{5!}{3!\,(5-3)!}(1-0.714\,3)^3(1-0.285\,7)^2 = 0.119$

有时在实用上，不用故障概率或运行概率，而用故障的频率（次数）和两次故障的间隔时间来表示发电厂的可靠性，还要更清楚一些。如一个电厂有 $m$ 台相同的发电机，$\lambda$ 和 $\alpha$ 都为已知。如有 3 台 100MW 的发电机组，每一台发电机组的 $\lambda = 0.05$ 次故障/小时，以及每一台机组的 $\alpha = 0.01$ 次修理/小时。发电厂运行时可能有 4 种状态，如图 8—9 所示。状态 0 为三台发电机都在运行；状态 1 为两台发电机运行，一台故障；状态 2 为一台发电机运行，两台故障；状态 3 为三台发电机都故障。

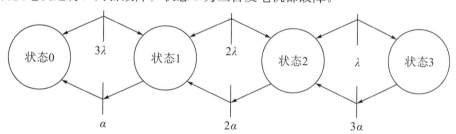

图 8—9　发电厂的运行状态

按照图 8—9，可以写出有关的微分方程式为

$$\frac{dp_0(t)}{dt} + 3\lambda p_0(t) = \alpha p_1(t) \qquad (8-55)$$

$$\frac{dp_1(t)}{dt} + (2\lambda + \alpha) = 3\lambda p_0(t) + 2\alpha p_2(t) \qquad (8-56)$$

$$\frac{dp_2(t)}{dt} + (\lambda + 2\alpha)p_2(t) = 3\alpha p_2(t) + 2\lambda p_1(t) \qquad (8-57)$$

$$\frac{dp_3(t)}{dt} + 3\alpha p_3(t) = \lambda p_2(t) \qquad (8-58)$$

式中：$p_i(t)$ 表示在时间 $t$ 时为第 $i$ 个状态的概率，$i = 0, 1, 2, 3$。

当 $t = 0$ 时

解方程式（8—55）～（8—58），当 $t$ 很大时，可得解

$$\begin{cases} p_0 = \dfrac{\alpha^3}{(\lambda+\alpha)^3} \\[2mm] p_1 = \dfrac{3\alpha^2\lambda}{(\lambda+\alpha)^3} \\[2mm] p_2 = \dfrac{3\alpha\lambda^2}{(\lambda+\alpha)^3} \\[2mm] p_3 = \dfrac{\lambda^3}{(\lambda+\alpha)^3} \end{cases} \tag{8-59}$$

发电厂出力为 0，即状态 3 的概率，可求得

$$p_3 = \frac{\lambda^3}{(\lambda+\alpha)^3} = 0.037$$

出现状态 3 的频率可以用下式计算

$$f_3 = 3\alpha p_3 = \frac{3\alpha\lambda^3}{(\lambda+\alpha)^3} = 0.001\,11$$

两次状态 3 间的间隔时间为

$$T_3 = \frac{1}{f_3} = 900.9$$

状态 3 的持续时间为

$$t_3 = \frac{1}{3\alpha} = 33.33$$

同样可求得

$$f_2 = (2\alpha+\lambda)p_2 = \frac{(2\alpha+\lambda)3\alpha\lambda^2}{(\lambda+\alpha)^2} = 0.005\,56$$

$$T_1 = \frac{1}{f_2} = 179.86$$

$$t_2 = (2\alpha+\lambda)^{-1} = 40$$

和

$$f_1 = (2\alpha+\lambda)p_1 = 0.008\,89$$

$$T_1 = \frac{1}{f_1} = 113.49$$

$$t_1 = (2\alpha+\lambda)^{-1} = 50$$

以及

$$f_2 = 3\lambda p_0 = 0.004\,44$$

$$T_0 = \frac{1}{f_0} = 225.2$$

$$t_0 = (3\lambda)^{-1} = 66.667$$

# 第五节　输电线的可靠性分析

输电线路架设在户外，气象条件对它的运行情况影响很大。因此，输电线路运行可

靠性的计算，必须考虑气象条件的影响。为了分析上的方便，通常把气象条件分为两类情况：一类是正常的气象条件，另一类为异常的气象条件。于是数学模型便可以用图8−10表示。每种气象条件的故障是不同的。

根据图8−10可以写出有关微分方程式为

$$\frac{\mathrm{d}p_0(t)}{\mathrm{d}t} + (\lambda_{n1} + \alpha_n)p_0(t) = \alpha_f p_2(t) \tag{8−60}$$

$$\frac{\mathrm{d}p_1(t)}{\mathrm{d}t} + \alpha_n p_1(t) = \lambda_{n1}p_0(t) + \alpha_f p_3(t) \tag{8−61}$$

$$\frac{\mathrm{d}p_2(t)}{\mathrm{d}t} + (\lambda_{f1} + \alpha_f)p_2(t) = \alpha_n p_0(t) \tag{8−62}$$

$$\frac{\mathrm{d}p_3(t)}{\mathrm{d}t} + \alpha_f p_3(t) = \alpha_n p_1(t) + \lambda_{f1}p_2(t) \tag{8−63}$$

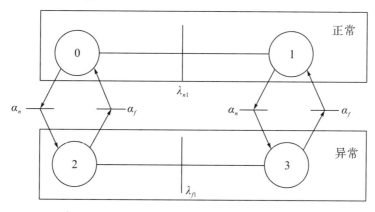

图 8−10　输电线路的模型

式中：$\lambda_{n1}$ 为在正常气象条件下，线路的故障率；

$\lambda_{f1}$ 为在异常气象条件下，线路的故障率；

$\alpha_n$ 为气象条件由正常变为异常的改变率；

$\alpha_f$ 为气象条件由异常变为正常的改变率；

$p_i(t)$ 为第 $i$ 个状态的概率，$i=0$，1，2，3。

当 $t=0$ 时，$p_0(0)=1$，$p_1(0)=0$，$p_2(0)=0$，$p_3(0)=0$。

用拉氏变换法解出下列方程，可得

$$p_0(s) = \frac{s + \lambda_{f_1} + \alpha_f}{A}$$

$$A = (s + \lambda_{n1} + \alpha_n)(s + \lambda_{f1} + \alpha_f) - \alpha_n\alpha_f \tag{8−64}$$

$$p_1(s) = \left[ (s + \lambda_f + \alpha_f)\lambda_{n1} + \frac{\alpha_f\lambda_{n1}\lambda_{f1}}{s + \alpha_f} \right]\left[ (s + \alpha_n + \frac{\alpha_f\alpha_n}{s + \alpha_f}) \right]^{-1}\frac{1}{A} \tag{8−65}$$

$$p_2(s) = \frac{\alpha_N}{A} \tag{8−66}$$

$$p_2(s) = \frac{p_1(s)}{A}$$

$$p_2(s) = \frac{p_1(s)\alpha_n}{s + \alpha_f} + \frac{\alpha_n \lambda_{f1}}{A(s + \alpha_f)} \qquad (8-67)$$

线路在两种抽象条件下的可靠性为

$$R_c(s) = p_0(s) + p_2(s) = \frac{(s + \lambda_{f1} + \alpha_f) + \alpha_n}{A} \qquad (8-68)$$

使 $s \to 0$，便可以得到线路无故障的平均时间 $\overline{T}_h$，即

$$\overline{T}_h = \lim_{s \to 0} R_c(s) = \frac{\lambda_{f1} + \alpha_f + \alpha_n}{(\lambda_{n1} + \alpha_n)(\lambda_{f1} + \alpha_f) - \alpha_n \alpha_f} \qquad (8-69)$$

即

$$\overline{T}_h = \frac{\lambda_{f1} + \alpha_f + \alpha_n}{\lambda_m \lambda_{f1} + \alpha_n \lambda_{f1} + \lambda_m \alpha_f} \qquad (8-70)$$

以及有

$$\lambda = \frac{1}{\overline{T}_h} = \frac{\lambda_{n1}\lambda_{f1} + \alpha_n \lambda_{f1} + \lambda_{n1}\alpha_f}{\lambda_{f1} + \alpha_f + \alpha_n} \qquad (8-71)$$

如果 $\alpha_f + \alpha_n$ 和 $\alpha_n \lambda_{f1} + \lambda_{n1}\alpha_f$ 比 $\lambda_{f1}$ 和 $\lambda_{n1}\lambda_{f1}$ 大许多，则式（8-71）可以简化为

$$\lambda = (1-B)\lambda_{n1}B\lambda_{f1}$$

式中：$B = \dfrac{t_f}{t_n + t_f}$；

$t_f = \dfrac{1}{\alpha_f}$；

$t_n = \dfrac{1}{\alpha_n}$。

# 第六节　可靠性的有关数学计算方法

电力系统设备运行中的可靠性计算，经常遇到需要计算检修设备时间的平均值，连续正常运行时间的平均值，以及有关的特性数据的情况。

## 1. 计算平均值的方法

有几种计算平均值的方法，即求算术平均值、几何平均值、均方根值以及调和平均值。

（1）算术平均值 $t_s$ 的计算公式为

$$t_s = \frac{1}{m}\sum_{t=1}^{m} t_i \qquad (8-72)$$

例如一台发电机每年检修 6 次，检修时间为 3 天、4 天、5 天、5 天、3 天和 4 天，则平均检修时间为

$$t_s = \frac{1}{6}(3 + 4 + 5 + 5 + 3 + 4) = 4(天)$$

（2）均方根值的计算公式为

$$t_s = \sqrt{\frac{1}{m}\sum_{i=1}^{m}t_i^2} \tag{8-73}$$

同样可以算出

$$t_s = \sqrt{\frac{1}{6}(3^2+4^2+5^2+5^2+3^2+4^2)} = 4.08$$

（3）几何平均值的计算公式为

$$t_i = (\prod_{i=1}^{m}t_i)^{\frac{1}{m}} \tag{8-74}$$

同样算得

$$t_j = (3\times4\times5\times5\times3\times4)^{\frac{1}{6}} = 3.9(天)$$

（4）调和平均值的计算公式为

$$t_t = \frac{m}{\sum_{i=1}^{m}t_i^{-1}} \tag{8-75}$$

同样算得

$$t_t = \frac{6}{\frac{1}{3}+\frac{1}{4}+\frac{1}{5}+\frac{1}{5}+\frac{1}{3}+\frac{1}{4}} = 3.83(天)$$

## 2. 表示一组数据特点的其他方法

除了用各种平均值表示一组数据（数组）特点的方法外，还有如下的一些方法可以使用。

（1）范围：数组中最大值和最小值之差，设

$$t = \{t_1, t_2, \cdots, t_m\}$$

则它的范围 $F_\omega$ 可以表示为

$$F_\omega = \max(t) - \min(t) \tag{8-76}$$

（2）中数：中数是数组 $t$ 中，中间的一个数（为奇数个数时），或中间两个数（为偶数个数时）的平均值，表示为

$$S_m = \mathrm{Mid}(t) \tag{8-77}$$

（3）众数：众数 $S_z$ 是数组中出现次数最多的数，表示为

$$S_z = N_{\max}(t) \tag{8-78}$$

# 第七节　可靠性计算中常用的概率模型

在可靠性计算中，通常使用了四种重要的概率密度函数，即波松分布、二项式分布、指数分布和韦泊分布函数。

波松分布和二项式分布的基本公式相同，可以把波松分布看成是二项式分布的一种特

殊情况。如果一个电厂有 $m$ 台发电机，其中有 $k$ 台发电机能正常运行的概率为 $p(k)$，一台发电机正常运行的概率为 $p$，则概率密度函数 $f(k)$ 可用二项式分布表示为

$$f(k) = C_k^m p^k (1-p)^{m-k} \qquad (8-79)$$

可以求得平均值 $\mu$ 和离差 $\sigma^2$：

$$\mu = kp \qquad (8-80)$$

和

$$\sigma^2 = kp(1-p) \qquad (8-81)$$

在式（8-79）中，当 $m$ 很大而 $p$ 很小时，则得波松分布函数为

$$f(k) = \frac{(\lambda t)^k \mathrm{e}^{-\lambda t}}{k!}, 0 < \lambda t < \infty, k = 0,1,3 \qquad (8-82)$$

式中：$\lambda$ 为故障率；

$k$ 为正常运行的机器数；

$t$ 为时间。

这种分布的平均值 $\mu$ 和离差 $\sigma^2$ 为

$$\mu = \lambda t \qquad (8-83)$$

$$\sigma^2 = \lambda t \qquad (8-84)$$

指数分布函数是广泛使用的分布函数，特别是用来表示电子元件的故障特性，如果某一电子型调压器的故障时间为 $t_g$，而平均故障时间若为 $\mu = \dfrac{1}{b}$，则故障概率密度的分布函数，可以用如下指数形式表示：

$$f(t) = b\mathrm{e}^{-bt} \qquad (8-85)$$

而概率函数则为

$$F(t) = \int_0^t f(y)\mathrm{d}y = 1 - \mathrm{e}^{-bt} \qquad (8-86)$$

这种指数分布的平均值和离差则为

$$\mu = \frac{1}{b} \qquad (8-87)$$

和

$$\sigma^2 = \frac{1}{b^2} \qquad (8-88)$$

韦泊分布函数是指数分布函数的一般形式表示为

$$f(t) = abt^{a-1}\mathrm{e}^{-bt}, t > 0, b > 0 \qquad (8-89)$$

式中：$a$ 为一函数参考变量。当 $a=1$ 时，则变为指数分布。

概率的分布函数可以求得为

$$F(t) = \int_0^t f(y)\mathrm{d}y = 1 - \mathrm{e}^{-bt} \qquad (8-90)$$

在时间 $t$ 时，设备的可靠性为

$$R(t) = 1 - F(t) = \mathrm{e}^{-bt} \qquad (8-91)$$

这种分布的平均值 $\mu$ 可以求得：

$$\mu = \int_0^\infty t f(t) \mathrm{d}t = \frac{P\left(\dfrac{a+1}{a}\right)}{b^{\frac{1}{a}}} \tag{8-92}$$

而离差可以求得

$$\sigma^2 = \int_0^\infty t^2 f(t) \mathrm{d}t = \left[\int_0^\infty t f(t) \mathrm{d}t\right]^2 \tag{8-93}$$

有

$$\sigma^2 = \frac{\left[P\left(\dfrac{a+2}{a}\right) - P\left(\dfrac{a+1}{a}\right)\right]^2}{b^{\frac{2}{a}}} \tag{8-94}$$

上列各式中 $P$（0）为一伽玛函数，即

$$P(k) = \int_0^\infty \mathrm{e}^{-y} y^{k-1} \mathrm{d}y \tag{8-95}$$

而

$$k > 0$$

$$P(k+1) = k!, k = 1, 2, 3, \cdots$$

$$P(0.5) = \sqrt{\pi}$$

$$P(k+0.5) = \frac{1 \cdot 3 \cdot 5 \cdot 7 \cdot \cdots \cdot (2k-1)}{2k} P(0.5)$$

# 第九章　电力系统运行的经济性

## 第一节　价值目标函数

电力系统在正常运行状态，既需要保证发电和供电的平衡，满足等式约束条件，还需要保证不等式约束条件，也就是各一次元件的工作电压值和电流值应该在允许的范围内。实际上要实现这样的运行状态，有许多可能的情况。这样多的运行状态，虽然都是安全可靠的，但是不一定每一种都是最经济的最佳运行状态。因此，需要在多种能够满足安全可靠的方案中，找出一种最佳的经济运行状态。在正常情况下，应尽量使系统趋于或接近最佳的经济运行状态。

电力系统的经济运行，可以分为资源经济性和市场经济性。资源经济性是指能源耗量最少和环保效益最高的电力系统运行状态；而市场经济性是将电能作为产品参与市场的竞争，获取经济效益好的运行状态。这二者应该有效结合，促进电力市场的拓展。

当系统负荷一定时，即有

$$S_L = (S_{L1}, S_{L2}, \cdots, S_{Lm}) = \{S_{Lt} \mid i\varepsilon(1, 2, \cdots, m) = [m]\} \qquad (9-1)$$

上述的负荷数据为负荷所需的复功率，即

$$\dot{S}_{Li} = P_{Li} + jQ_{Li} \qquad (9-2)$$

可以实时存放在实时数据库中。

现在要求寻求一组发电厂的输出功率值

$$S_G = (S_{G1}, S_{G2}, \cdots, S_{Gm}) = \{S_G \mid j(1, 2, \cdots, n) = [n]\} \qquad (9-3)$$

使系统的运行状态为最优。为此，需要决定使系统运行状态为最优的价值函数和相应的约束条件，然后求解得到式（9-3）的一组最佳发电厂输出功率值。

在实际分析计算时，要同时考虑有功功率和无功功率的最佳分配，会遇到一定困难，特别是系统的无功功率电源数常常多于有功功率电源数时，使求解工作不易进行。所以，通常在实际处理这一问题时，大都把有功功率和无功功率的经济运行问题分别进行分析，即采用 $P-Q$ 分解方法求解。

系统中的电厂有水电厂和火电厂，火电厂的类型又有多种，它们的经济效益都不相同。为此，可以写出用各电厂发电的燃料消耗或产品费用来表示的有功功率价值函数为

$$C = C_1(P_{G1}) + C_2(P_{G2}) + \cdots + C_n(P_{Gn}) = \sum_{i=1}^{n} C_i(P_{Gi}) \qquad (9-4)$$

式中：各发电厂的价值函数 $C_1$，$C_2$，$\cdots$，$C_n$ 分别是发出的有功功率 $P_{G1}$，$P_{G2}$，$\cdots$，$P_{Gn}$ 的函数。这种函数关系可以通过试验或经济理论研究求得，一般为曲线，有的也可

用折线表示，如图 9-1 所示。

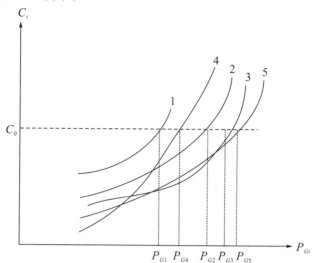

图 9-1　发电厂的经济特性

从图中可以看出，由于各发电厂的经济特性不同，发出相同的有功功率需要的燃料或生产费用也不同；相反，需要的生产费用 $C_0$ 相同，各电厂发出的有功功率也不一定相同。为了分析方便，可以把经济特性用函数关系来表示为

$$C_i = \alpha_i + \beta_i P_{Gi} + \gamma_i P_{Gi}^2 + \cdots \qquad (9-5)$$

式中的 $\alpha_i$，$\beta_i$ 和 $\gamma_i$ 可以通过试验，由曲线拟合方法求出。实用上只取到二次项或三次项即可。$\alpha_i$，$\beta_i$ 和 $\gamma_i$ 中的下标 $i$，为第 $i$ 个发电厂。

根据式（9-4），可以写为

$$C = \sum_{i=1}^{n} C_i(P_i) = \alpha^T + \beta^T P_G + P_G^T \gamma^T P_G \qquad (9-6)$$

式中：

$$\boldsymbol{\alpha}^T = [\alpha_1, \ \alpha_2, \ \cdots, \ \alpha_n];$$
$$\boldsymbol{\beta}^T = [\beta_1, \ \beta_2, \ \cdots, \ \beta_n];$$
$$\boldsymbol{\gamma}^T = \begin{bmatrix} \gamma_1 & & & \\ & \gamma_2 & & \\ & & \ddots & \\ & & & \gamma_n \end{bmatrix};$$
$$\boldsymbol{P}_G^T = [P_{G1}, \ P_{G2}, \ \cdots, \ P_{Gn}].$$

式（9-6）即为电力系统运行时的价值目标函数，为了保证系统运行的经济性，应使它为极小。

在求式（9-6）为极小时，还必须考虑系统在运行时的约束条件。这些约束条件，已在前几章作了介绍，现分述如下：

（1）功率平衡的等式约束

$$\sum_{i=1}^{n} S_{Gt} = \sum_{j=1}^{m} S_{Lj} + S_{Ls} \qquad (9-7)$$

式中：$S_{Ls}$ 为系统中线路和变压器等元件的损耗。

（2）发电机的运行约束

$$\begin{cases} P_G^{\max} \geqslant P_G \geqslant P_G^{\min} \\ Q_G^{\max} \geqslant Q_G \geqslant Q_G^M \end{cases} \tag{9-8}$$

（3）各节点的电压约束

$$V^{\max} \geqslant V \geqslant V^{\min} \tag{9-9}$$

（4）线路变压器等支路的安全约束条件

$$F_{\max} \geqslant \boldsymbol{F} \tag{9-10}$$

这里 $\boldsymbol{F}$ 表示支路潮流矩阵。

式（9-8）～（9-10）都以矩阵的形式表示。

# 第二节　不计及线路损耗时的分析计算方法

有不少的电力系统，地区分布较为紧凑，输电线路距离短，线路的有功损耗比重很小，因而线路潮流的改变对有功损耗影响的意义不大。所以，在分析计算系统的经济运行时，可以不计有功损耗的影响。掌握这种分析计算方法，也为进一步深入理解有关问题打下了基础。

在不计线路和变压器等元件功率损耗时，系统的有功功率平衡方程式由式（9-7）可改写为

$$\sum_{i=1}^{n} P_{Gi} - \sum_{i=1}^{m} P_{Li} = 0 \tag{9-11}$$

式中：$\sum_{i=1}^{m} P_{Li}$ 为已知，可以简写为 $P_L$，于是可得

$$P_{G1} + P_{G2} + P_{G3} + \cdots + P_{Gn} - P_L = 0 \tag{9-12}$$

最佳运行条件的价值目标函数式（9-6），可以写成函数形式，即

$$C = C(P_{G1}, P_{G2}, \cdots, P_{Gn}) \tag{9-13}$$

现在需要求解的问题是在保证式（9-12）的等式约束条件下，求出一组控制变量 $P_{G1}$，$P_{G2}$，$\cdots$，$P_{Gn}$，以使价值目标函数 $C$ 达到极小值，即使

$$J = \min C(P_{G1}, P_{G2}, \cdots, P_{Gn}) \tag{9-14}$$

为了了解有关基本概念，先对两个电厂的系统加以分析，就可以直观地从图形上理解求解的方法。两个电厂的价值目标函数为

$$C = C(P_{G1}, P_{G2}) \tag{9-15}$$

这一价值目标函数，一般可以表示成图 9-2 的情况，为一曲面 $C$。把它投影到 $P_{G1} - P_{G2}$ 平面上，可以得到一族等价值的曲线。价值目标函数为最小的点，对应于 $C_{\min}$ 上的 $P_{0P}$ 点。对应的最佳发电功率为 $\overline{P_{G1}}$ 和 $\overline{P_{G2}}$。要求得到此最佳值，它显然位于价值曲面的最低点，因此，从此点向任何方向取一微小增量，价值函数 $C$ 都不会变化，则对任何值都应为 0。这种情况只有

$$\mathrm{d}C = \frac{\partial C}{\partial P_{G1}}\mathrm{d}P_{G1} + \frac{\partial C}{\partial P_{G2}}\mathrm{d}P_{G2} \tag{9-16}$$

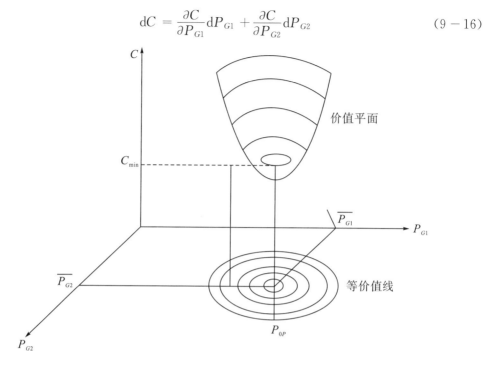

**图 9-2 价值曲面和等价值线**

对任何 $\mathrm{d}P_{G1}$ 和 $\mathrm{d}P_{G2}$ 值都应为 $0$，这种情况只有

$$\frac{\partial C}{\partial P_{G1}} = 0 \ \text{或} \frac{\partial C}{\partial P_{G2}} = 0 \tag{9-17}$$

由此推广到 $n$ 个价值变量，则价值函数为超曲面。在最佳点有

$$\mathrm{d}C = \frac{\partial C}{\partial P_{G1}}\mathrm{d}P_{G1} + \frac{\partial C}{\partial P_{G2}}\mathrm{d}P_{G2} + \cdots + \frac{\partial C}{\partial P_{Gn}}\mathrm{d}P_{Gn} \tag{9-18}$$

也应有

$$\frac{\partial C}{\partial P_{Gi}} = 0, \forall\, i = 1, 2, \cdots, n \tag{9-19}$$

现举一数例加以分析和说明，如有一价值目标函数为

$$C = P_{G1}^2 - P_{G1} + P_{G2}^2 - 4P_{G2} + 8$$

在最佳情况，应有

$$\frac{\partial C}{\partial P_G} = 2P_{G1} - 1 = 0$$

所以

$$P_{G1} = \frac{1}{2}$$

又因有

$$\frac{\partial C}{\partial P_{G2}} = 2P_{G2} - 4 = 0$$

所以

$$P_{G2} = 2$$

最佳运行点可写成

$$\boldsymbol{P}_G = \begin{bmatrix} P_{G1} \\ P_{G2} \end{bmatrix} = \begin{bmatrix} \dfrac{1}{2} \\ 2 \end{bmatrix}$$

价值目标函数的最佳值为

$$J = \min C = 3.9$$

现在来考虑有等式约束的情况，将等式约束式（9-7）写成一般形式

$$f(P_{G1}, P_{G2}, \cdots, P_{Gn}) = 0 \tag{9-20}$$

将上式求全微分

$$\frac{\partial C}{\partial P_{G1}} \mathrm{d}P_{G1} + \frac{\partial C}{\partial P_{G2}} \mathrm{d}P_{G2} + \cdots + \frac{\partial C}{\partial P_{Gn}} \mathrm{d}P_{Gn} = 0 \tag{9-21}$$

用式（9-18）减去式（9-21）中各项乘以参变量后得

$$\mathrm{d}C = \left( \frac{\partial C}{\partial P_{G1}} - \lambda \frac{\partial f}{\partial P_{G1}} \right) \mathrm{d}P_{G1} + \left( \frac{\partial C}{\partial P_{G2}} - \lambda \frac{\partial f}{\partial P_{G2}} \right) \mathrm{d}P_{G2}$$

在最佳运行点处，$\mathrm{d}C$ 应为 0，则应有

$$\frac{\partial C}{\partial P_{Gi}} - \lambda \frac{\partial f}{\partial P_{Gi}} = 0, \forall i = 1, 2, \cdots, n \tag{9-22}$$

上式为一含 $n$ 个方程的方程组，再加上式（9-20），就可以联立求解，得到要求的控制变量 $P_{G1}$，$P_{G2}$，$\cdots$，$P_{Gn}$。

在上述数例中，当考虑下列等式约束条件，即

$$f(P_{G1}, P_{G2}) = 2P_{G1} + P_{G2} - 8 = 0 \tag{9-22a}$$

根据式（9-22），则有

$$\begin{cases} 2P_{G1} - 1 - \lambda \cdot 1 = 0 \\ 2P_{G2} - 4 - \lambda \cdot 1 = 0 \end{cases} \tag{9-22b}$$

联立求解（a）和（b）两组方程式，可得

$$P_G = \begin{bmatrix} P_{G1} \\ P_{G2} \end{bmatrix} = \begin{bmatrix} \dfrac{13}{6} \\ \dfrac{11}{3} \end{bmatrix}$$

价值函数最佳值为

$$J = \min C = 9.306$$

需要注意的是，在控制各发电机有功出力，使系统获得最经济的效益时，虽然控制变量有 $P_{G1}$，$P_{G2}$，$\cdots$，$P_{Gn}$ 共 $n$ 个，但当考虑到有等式约束条件式（9-20）时，实际的变量就只有 $n-1$ 个。因为只需要决定 $n-1$ 个变量以后，由式（9-20）就可以算出第 $n$ 个控制变量。

最后，对电力系统有功功率最佳运行求解方法，小结如下：

（1）拟定一个增广的价值函数 $C^*$，以考虑等式约束条件，$C^*$ 用公式表示为

$$C^* = C - \lambda \cdot f \tag{9-23}$$

这里 $\lambda$ 称为拉格朗日乘数。

（2）求解 $n$ 个方程

$$\frac{\partial C^*}{\partial P_{Gi}} = \frac{\partial C}{\partial P_{Gi}} - \lambda\frac{\partial f}{\partial P_{Gi}} = 0, \forall\, i = 1, 2, \cdots, n \qquad (9-24)$$

及

$$f(P_{G1}, P_{G2}, \cdots, P_{Gn}) = 0$$

参照式（9−6）可见

$$\frac{\partial C}{\partial P_{Gi}} = \frac{\mathrm{d}C_i}{\partial P_{Gi}}, \forall\, i = 1, 2, \cdots, n \qquad (9-25)$$

并根据式（9−11），有

$$\frac{\partial f}{\partial P_{Gi}} = 1, \forall\, i = 1, 2, \cdots, n \qquad (9-26)$$

$\dfrac{\mathrm{d}C_i}{\partial P_{Gi}}$ 称为第 $i$ 个电厂的价值微增率，用 $\mathrm{d}C_i$ 表示，它也表示该电厂价值函数的斜率，如果 $C_i$ 的单位为元/h，则 $\mathrm{d}C_i$ 的单位为元/h·千瓦，也可以用元/千瓦·h，或用千元/kW·h 作单位。

当已知式（9−6）的价值函数时，则价值微增率显然为

$$\mathrm{d}C_i = \frac{\mathrm{d}C_i}{\mathrm{d}P_{Gi}} = \beta_i + 2\gamma_i P_{Gi} \qquad (9-27)$$

# 第三节　最佳经济运行的基本解法

在上一节，已经得到有功功率经济运行的基本方程式为

$$\frac{\partial C}{\partial P_{Gi}} - \lambda\frac{\partial f}{\partial P_{Gi}} = 0, \forall\, i = 1, 2, \cdots, n$$

并已知 $\dfrac{\partial f}{\partial P_{Gi}} = 1$，则有

$$\frac{\partial C}{\partial P_{Gi}} - \lambda = 0, \forall\, i = 1, 2, \cdots, n$$

因而可得

$$\lambda = \frac{\partial C}{\partial P_{G1}} = \frac{\partial C}{\partial P_{G2}} = \cdots = \frac{\partial C}{\partial P_{Gn}} \qquad (9-28)$$

又由于

$$\frac{\mathrm{d}C}{\mathrm{d}P_{Gi}} = \frac{\mathrm{d}C_i}{\mathrm{d}P_{Gi}} = \mathrm{d}C_i$$

则有

$$\lambda = \mathrm{d}C_1 = \mathrm{d}C_2 = \mathrm{d}C_3 = \cdots = \mathrm{d}C_n \qquad (9-29)$$

式（9−29）称为经济运行的控制方程，即在不考虑系统输电损耗时，各电厂的价值微增率如能保证相等，则系统达到最佳的经济运行状态。

现用两个电厂系统为例（如图9−3所示）说明如何实现系统的经济运行状态。设

价值函数为

$$\begin{cases} C = C(P_{G1}, P_{G2}) \\ C_1 = \alpha_1 + \beta_1 P_{G1} + \gamma_1 P_{G1} \\ C_2 = \alpha_2 + \beta_2 P_{G2} + \gamma_2 P_{G2} \end{cases} \qquad (9-30)$$

等式约束条件已知为

$$P_{G1} = P_{G2} = P_{L1} + P_{L2} = P_L$$

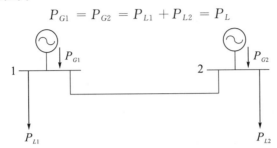

图 9-3　两个电厂的系统图

为了直观地说明有功功率经济运行的实际算法，可以参看图 9-4。图中价值函数为一凹形的曲面，因而它们存在极小值，但是因为要考虑等式约束条件，即

$$f = P_{G1} + P_{G2} - P_L = 0 \qquad (9-31)$$

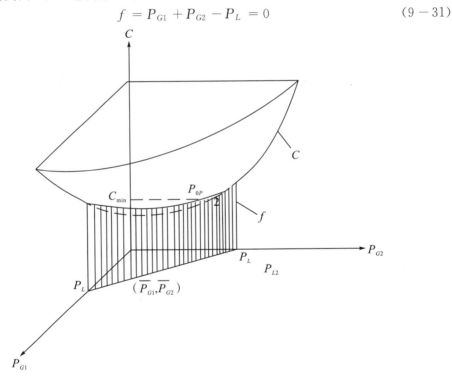

图 9-4　具有约束的价值面

图中有一面有阴影的平面。在此平面上的所有点，都满足有功功率等约束条件。这一平面与价值函数曲面相交为一曲线。曲线的最低点 $P_{0P}$ 即为最佳运行点，对应的坐标有 $C_{\min}$ 和 $\overline{P_{G1}}$ 与 $\overline{P_{G2}}$。

在点 $P_{0P}$，两个电厂的价值微增率应相等，即

$$\lambda = \beta_1 + 2\gamma_1 P_{G1} = \beta_2 + 2\gamma_2 P_{G2} \tag{9-32}$$

与方程式（9-31）联立求解，可得

$$\begin{cases} \overline{P_{G1}} = \dfrac{2\gamma_2 P_L + \beta_2 - \beta_1}{2(\gamma_1 + \gamma_2)} \\[3mm] \overline{P_{G2}} = \dfrac{2\gamma_1 P_L + \beta_1 - \beta_2}{2(\gamma_1 + \gamma_2)} \end{cases} \tag{9-33}$$

在此最佳状态，价值微增率为

$$\lambda = \mathrm{d}C_1 = \mathrm{d}C_2 = \frac{2\gamma_1\gamma_2 P_L + \beta_1\gamma_2 + \beta_2\gamma_1}{\gamma_1 + \gamma_2}$$

当两电厂的经济特性相同时，即

$$\alpha_1 = \alpha_2 = \alpha, \beta_1 = \beta_2 = \beta, \gamma_1 = \gamma_2 = \gamma$$

则有

$$\overline{P_{G1}} = \overline{P_{G2}} = \frac{P_L}{2} \tag{9-34}$$

即两个电厂均匀供给负荷功率。此时的价值微增率为

$$\lambda = \mathrm{d}C_1 = \mathrm{d}C_2 = \beta + \gamma P_L$$

对于由 $n$ 个发电厂供电的系统，要算出有功功率最佳运行的控制变量 $P_{G1}$，$P_{G2}$，…，$P_{Gn}$，可以采用"$\lambda$ 迭代法"。开始迭代时，先选一初始 $\lambda^{(1)}$，并算出相应的发电机功率 $P_{G1}^{(1)}$，$P_{G2}^{(1)}$，…，$P_{Gn}^{(1)}$。上标（1）表示第 1 次迭代值。各发电厂的价值函数能用下述二次式表示

$$C_i = \alpha_i + \beta_i P_{Gi} + \gamma_i P_{Gi}^2, \forall i = 1, 2, \cdots, n$$

而

$$\lambda = \beta_i + 2\gamma_i P_G$$

于是

$$P_{Gt} = \frac{\lambda - \beta_i}{2\gamma_i} \tag{9-35}$$

然后校核等式约束条件能否满足

$$\sum_j P_{Gi} = P_L \tag{9-36}$$

如不能满足，则需要假设第 2 次近似值 $\lambda^{(2)}$ 进行计算。

为了能很快取得计算结果，可以将式（9-36）改写为

$$\varepsilon = \sum_i P_{Gi} - P_L \tag{9-37}$$

当 $\lambda = \lambda^{(2)}$，算得 $\varepsilon$ 的结果为 $\varepsilon^{(1)}$；又当 $\lambda = \lambda^{(2)}$，算得 $\varepsilon$ 的结果为 $\varepsilon^{(2)}$；便可以根据 $\varepsilon^{(2)} - \varepsilon^{(1)}$ 的变化情况，选择 $\lambda^{(3)}$ 值，直至 $\varepsilon$ 的值小于某一给定的误差值 $\varepsilon_0$ 后，则得到所要求的

$$\overline{P_G} = |\overline{P_{G1}}, \overline{P_{G2}}, \cdots, \overline{P_{Gn}}|$$

要是在计算过程中，还要考虑不等式约束条件

$$P_{Gimax} > P_{Gi} > P_{Gimin}, \forall i = 1, 2, \cdots, n$$

在每一次迭代过程中，如果某一电厂的功率值已达极限，则在以后的计算中，就维

持在此极限值不再改变，而对其余控制变量，再进行最优控制运算。此时，等式约束条件则变为

$$\varepsilon = \sum_{i \neq j} P_{Gi} + P_{Gj\max} - P_L \qquad (9-38)$$

式中：$P_{Gj\max}$ 为第 $j$ 个电厂的功率最大值。

# 第四节　考虑输电损耗时的计算

电力系统中有长距离的输电线路，或者系统中有较大的一部分地区，负荷密度较低，输电损耗有可能达到 5% 或以上，因此，在进行有功功率最佳运行控制时，就不能忽略输电损耗（也称线损）的影响。此时，等式约束条件则为

$$\sum_{i=1}^{m} P_{Gi} - P_L - P_R = 0 \qquad (9-39)$$

式中：$P_R$ 为输电线上的功率损耗。

用上一节介绍的方法，可以得到考虑输电损耗时的拉格朗日价值函数为

$$C^* \triangleq \sum_{t=1}^{m} C_i P_{Gi} - \lambda \Big[ \sum_{t=1}^{m} P_{Gi} - P_L - \dot{P}_R \Big] \qquad (9-40)$$

求上式偏导数，可得

$$\frac{\partial C^*}{\partial P_{Gi}} = \frac{\partial C_i}{\partial P_{Gi}} - \lambda + \lambda \frac{\partial P_R}{\partial P_{Gi}} = 0, \forall i = 1, 2, \cdots, n \qquad (9-41)$$

令

$$\frac{\partial P_R}{\partial P_{Gi}} = \mathrm{d}l_i$$

上式又可以写为

$$\frac{\partial C^*}{\partial P_{Gi}} = \mathrm{d}C_i - \lambda + \lambda \mathrm{d}l_i, \forall i = 1, 2, \cdots, n$$

于是可以求得

$$\lambda = \frac{\mathrm{d}C_1}{1 - \mathrm{d}l_1} = \frac{\mathrm{d}C_2}{1 - \mathrm{d}l_2} = \cdots = \frac{\mathrm{d}C_n}{1 - \mathrm{d}l_n} \qquad (9-42)$$

如果不考虑输电损耗的影响，则认为

$$P_R = 0$$
$$\mathrm{d}l_1, \mathrm{d}l_2, \cdots = 0$$

则式（9-42）和式（9-29）相同。

根据式（9-42），为了求得控制变量 $P_{G1}$，$P_{G2}$，$\cdots$，$P_{Gn}$ 的最佳值，首先必须求得 $\mathrm{d}l_1$，$\mathrm{d}l_2 \cdots$，$\mathrm{d}l_n$，其中 $\mathrm{d}l_n$ 称为第 $n$ 个电厂的线损微增率。

因为

$$\mathrm{d}l_i = \frac{\partial P_R}{\partial P_{Gi}} = \frac{\mathrm{d}P_R}{\mathrm{d}} = \frac{\mathrm{d}P_R}{\mathrm{d}\theta_i} \cdot \frac{\mathrm{d}\theta_i}{\mathrm{d}P_{Gi}} = \frac{\dfrac{\mathrm{d}P_R}{\mathrm{d}\theta_i}}{\dfrac{\mathrm{d}P_{Gt}}{\mathrm{d}\theta_i}} \qquad (9-43)$$

式中：$\theta_i$ 为第 $i$ 个母线电压的角度，可以在系统中选一母线作为参考母线，使其电压角度为 0 来计算。

式（9－43）的分子和分母项，可以根据系统的导纳矩阵

$$YV = I_T$$

使某一角度如 $\theta_i$，增加一 $\Delta\theta_i$，再求出相应的 $\Delta P_{Gi}$ 和 $\Delta P_R$，便可以求得 $\mathrm{d}l_i$。

$$\mathrm{d}l_i = \frac{\dfrac{\Delta P_R}{\Delta\theta_i}}{\dfrac{\Delta P_{Gi}}{\Delta\theta_i}} = \frac{\Delta P_R}{\Delta P_{Gi}} \tag{9－44}$$

现在，也可以采用另外的解析计算方法。设系统共有 $n$ 条母线，则有

$$P_R = \sum_{i=1}^{n}(P_{Gi} - P_{Li}) = \sum_{i=1}^{n}P_i \tag{9－45}$$

式中：$P_{Gi}$ 为发电机输入母线 $i$ 的功率；

$P_{Li}$ 为母线 $i$ 的负荷功率；

$P_i$ 称为母线的注入功率，通常取流出母线为"＋"，流入为"－"。

$P_i$ 可以按如下已知公式计算：

$$P_t = \sum_{j=1}^{n}y_{ij}V_iV_j\sin(\theta_i - \theta_j - \alpha_{ij}) \tag{9－46}$$

当 $i=j$ 时，$\alpha_{ii} = \alpha_{ij}$

于是 $P_i$ 则为 $n-1$ 个母线电压角度 $\theta_1$，$\theta_2$，$\cdots$，$\theta_{n-1}$ 的函数，设写为

$$\theta_i = \theta_1, \theta_2, \cdots, \theta_{n-1}$$

因而有

$$P_i = P_i(\theta), \forall I = 1, 2, \cdots, n \tag{9－47}$$

由式（9－45），输电损耗可得为

$$P_R = P_R(\theta)$$

如果取母线 $n$ 为参考母线，则 $\theta_n = 0$，并引入下列符号：

$$[\mathrm{d}P]^{\mathrm{T}} \triangleq [\mathrm{d}P_1, \mathrm{d}P_2, \cdots, \mathrm{d}P_{n-1}] \tag{9－48}$$

$$\left[\frac{\partial P_n}{\partial\theta}\right]^{\mathrm{T}} \triangleq \left[\frac{\partial P_n}{\partial\theta_1}, \frac{\partial P_n}{\partial\theta_2}, \cdots, \frac{\partial P_n}{\partial\theta_{n-1}}\right] \tag{9－49}$$

$$[\mathrm{d}\theta]^{\mathrm{T}} \triangleq [\mathrm{d}\theta_1, \mathrm{d}\theta_2, \cdots, \mathrm{d}\theta_{n-1}] \tag{9－50}$$

以及

$$\left[\frac{\partial P_n}{\partial\theta}\right] = \begin{bmatrix} \dfrac{\partial P_1}{\partial\theta_1}, & \dfrac{\partial P_1}{\partial\theta_2} & \cdots & \dfrac{\partial P_1}{\partial\theta_{n-1}} \\ \vdots & & & \vdots \\ \dfrac{\partial P_{n-1}}{\partial\theta_1}, & \cdots & \cdots & \dfrac{\partial P_{n-1}}{\partial\theta_{n-1}} \end{bmatrix} \tag{9－51}$$

便可以得到

$$[\mathrm{d}P_n] = \frac{\partial P_n}{\partial\theta_1}\mathrm{d}\theta_1 + \frac{\partial P_n}{\partial\theta_2}\mathrm{d}\theta_2 + \cdots + \frac{\partial P_n}{\partial\theta_{n-1}}\mathrm{d}\theta_{n-1} = \left[\frac{\partial P_n}{\partial\theta}\right]^{\mathrm{T}}[\mathrm{d}\theta] \tag{9－52}$$

及

$$[\mathrm{d}P] = \left[\frac{\partial P}{\partial \theta}\right][\mathrm{d}\theta] \tag{9-53}$$

也即

$$[\mathrm{d}\theta] = \left[\frac{\partial P}{\partial \theta}\right]^{-1}[\mathrm{d}P]$$

把上式代入式（9-52）后，有

$$\mathrm{d}P_n = \left[\frac{\partial P_n}{\partial \theta}\right]^{T}\left(\frac{\partial P}{\partial \theta}\right)^{-1}[\mathrm{d}P] \triangleq A[\mathrm{d}P] \tag{9-54}$$

这里令

$$A \triangleq \left[\frac{\partial P_n}{\partial \theta}\right]^{T}\left(\frac{\partial P}{\partial \theta}\right)^{-1} = [a_1, a_2, \cdots, a_{n-1}] \tag{9-55}$$

为 $n-1$ 维行量。

由式（9-45）可以得到

$$\mathrm{d}P_R = \sum_{i=1}^{n}\mathrm{d}P_i = \sum_{i=1}^{n-1}\mathrm{d}P_i + \mathrm{d}P_n = \sum_{i=1}^{n-1}\mathrm{d}P_i + A[\mathrm{d}P] \tag{9-56}$$

或

$$\mathrm{d}P_R = (1+a_1)\mathrm{d}P_1 + (1+a_2)\mathrm{d}P_2 + \cdots + (1+a_{n-1})\mathrm{d}P_{n-1} \tag{9-57}$$

上式的意义是线损微增率可以由母线的注入功率的变化来求得。若只设 $P_{Gi}$ 不变，则

$$\frac{\mathrm{d}P_R}{\mathrm{d}P_{Gi}} \triangleq \frac{\partial P_R}{\partial P_{Gi}} \triangleq \mathrm{d}l_i = 1 + a_i, \forall i = 1, 2, \cdots n-1 \tag{9-58}$$

现举例说明上述的计算方法，有两条母线的系统如图9-3所示。有关参数用标么值表示为

线路阻抗：$R_l + \mathrm{j}X_l = 0.02 + \mathrm{j}0.10$

母线电压：$V_1 = V_2 = 1.0$

价值微增率含数：$\beta = 2.00$，$\gamma = 0.5$

母线负荷：$P_{L1} = 1.00$ 和 $P_{L2} = 3.00$

要求算出最佳运行值 $\overline{P_{G1}}$，$\overline{P_{G2}}$。

首先算出

$$\mathrm{d}C_1 = \beta + 2\gamma P_{G1} = 2 + P_{G1}$$
$$\mathrm{d}C_2 = \beta + 2\gamma P_{G2} = 2 + P_{G2}$$

又

$$\begin{cases} P_{G1} = P_{L1} + \dfrac{1}{R^2 + X^2}[RV_1^2 + V_1V_2(X\sin\theta - R\cos\theta)] \\ P_{G2} = P_{L2} + \dfrac{1}{R^2 + X^2}[RV_2^2 + V_1V_2(R\cos\theta - X\sin\theta)] \end{cases}$$

则有

$$\begin{cases} P_{G1} = 1.0 + 1.923\ 1(1 - \cos\theta) + 9.615\ 4\sin\theta \\ P_{G2} = 3.0 + 1.923\ 1(1 - \cos\theta) - 9.651\ 4\sin\theta \\ P_R = \sum_{i=1}^{2}(P_{Gi} - P_{Li}) = 3.846\ 2(1 - \cos\theta) \end{cases} \tag{9-58a}$$

现在用价值函数

$$C = C_1(P_{o1}) + C_2(P_{G2})$$

求最佳运行控制变量 $P_{G1}$ 和 $P_{G2}$ 如下

$$\frac{dC}{d\theta} = \frac{dC_1}{d\theta} + \frac{dC_2}{d\theta} = \frac{dC_1}{dP_{G1}}\frac{dP_{G1}}{d\theta} + \frac{dC_1}{dP_{G1}}\frac{dP_{G1}}{d\theta} \tag{9-58b}$$

在最佳运行情况

$$\frac{dC}{d\theta} = dC_1\frac{dP_{G1}}{d\theta} + dC_2\frac{dP_{G2}}{d\theta} = 0 \tag{9-58c}$$

把有关数字代入上式后，得

$$\sin\theta = 0.844\ 1\cos\theta + 3.896\ 1\sin2\theta = 0$$

解此方程式，其解为

$$\theta = 0.507$$

于是代入（9-58a）和（9-58b）则得

$$\begin{cases} \overline{P_{G2}} = 1.931\ 6 \\ \overline{P_{G1}} = 2.086\ 1 \\ P_R = 0.017\ 7 \end{cases}$$

考虑输电损耗的计算方法，可以归纳为以下步骤进行：

（1）计算开始，设备发电厂输出的有功功率初值为 $P_{G1}^{(1)}$，$P_{G2}^{(1)}$，…，$P_{Gn}^{(1)}$，也可以从实时数据库中数据得到，或可以从在线潮流计算得到。

（2）根据各 $P_G$ 值，计算相应的线损微增率为 $dl_1^{(1)}$，$dl_2^{(1)}$，…，$dl_{n-1}^{(1)}$。

（3）再给一 $\lambda$ 的初值 $\lambda^{(1)}$，迭代计算出最佳 $\lambda$ 值和相应的 $P_{G1}^{(2)}$

$$dC_i^{(1)} = \lambda^{(1)}(1 - dl_1^{(1)})$$

$$P_{G1}^{(2)} = \frac{dC_i^{(1)} - \beta_t}{2\gamma_i}, \forall\, i = 1,2,\cdots,n$$

（3）校核两次各 $P_G$ 值是否在误差范围，如还不符合误差要求，从第（2）步开始再一次迭代计算。

# 第五节　最优化的其他解法

前面介绍有功功率最佳经济运行的最优化计算方法，即求当价值函数 $C$ 为最小时，各控制变量 $P_{Gi}(i=1，2，\cdots，n)$ 的方法，这是假设价值函数为光滑的曲面，能够求导数的情况，当各发电厂的价值函数可用三次式或二次式拟合时则可以采用。如发电厂的价值函数为折线时，或为不连续函数时，前述的方法就会遇到困难，这时可以采用其他的数值解法。能求解这类问题的数值解法很多，经常使用的是梯度法或最陡下降法。

梯度法的原理由图 9-5 说明，设最初的工作点在 1 点，希望能最快地找到最低点。可以从 1 点的各个方向上，找到最陡下降的 2 点，再从 2 点以最陡下降到 3 点，如此继续下去，必然能很快到达最低点。

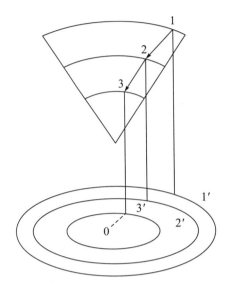

图 9—5　梯度法的说明

现用数学方法来表示，设有 $n$ 维的微分增量向量：

$$\mathrm{d}\boldsymbol{P}_G^t \triangleq \left[\mathrm{d}P_{G1}, \mathrm{d}P_{G2}, \cdots, \mathrm{d}P_{Gn}\right] \tag{9-59}$$

它的梯度向量为

$$\nabla \boldsymbol{C} \triangleq \begin{bmatrix} \dfrac{\partial C}{\partial P_{G1}} \\[2mm] \dfrac{\partial C}{\partial P_{G2}} \\ \vdots \\ \dfrac{\partial C}{\partial P_{Gn}} \end{bmatrix} \tag{9-60}$$

全微分 $\mathrm{d}\boldsymbol{C}$ 则为

$$\mathrm{d}\boldsymbol{C} = VC^t \mathrm{d}P_G \tag{9-61}$$

分析上式可知，如两个向量方向一致，则它们的积最大。由此只沿梯度方向前进，就能最快地达到最低点。

具体的算法是：

（1）先定一初值 $\boldsymbol{P}_G^{(0)}$。

（2）计算在该初值时的梯度 $\nabla \boldsymbol{C}^{(0)}$，在梯度方向，取一定的增量或称为步长，则得新的一点 $P^{(1)}$。

（3）重复上述步骤，直到表明是最低点。

现用一具体的数例来说明这种方法，设

$$\boldsymbol{P}_G^{(0)} = \begin{bmatrix} 4 \\ 4 \end{bmatrix}$$

和

$$\nabla \boldsymbol{C} = \begin{bmatrix} 8P_{G1} \\ 2P_{G2}-4 \end{bmatrix}$$

用梯度法进行计算时，求出 $\nabla C^{(0)}$：

$$\nabla C^{(0)} = \begin{bmatrix} 8 \times 4 \\ 2 \times 4 - 4 \end{bmatrix} = \begin{bmatrix} 32 \\ 4 \end{bmatrix}$$

将 $\nabla C^{(0)}$ 标准化为单位长：

$$\frac{\nabla C^{(0)}}{|\nabla C^{(0)}|} = \frac{1}{\sqrt{4^2 + 32^2}} \begin{bmatrix} 32 \\ 4 \end{bmatrix} = \begin{bmatrix} 0.992 \\ 0.124 \end{bmatrix}$$

选增量 $|dP_G| = 1.5$，为了趋于最小值，取梯度的反方向，求第一点为

$$P_G^{(0)} = \begin{bmatrix} 4 \\ 4 \end{bmatrix} - 1.5 \begin{bmatrix} 0.992 \\ 0.124 \end{bmatrix} = \begin{bmatrix} 2.512 \\ 3.814 \end{bmatrix}$$

用同样方法继续进行，得结果如图 9-6。

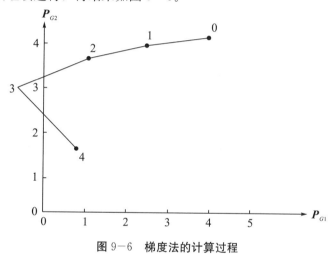

图 9-6　梯度法的计算过程

# 第六节　供用电的经济调度

考虑电力系统运行的经济性，传统的方法是以减少发电的燃料消耗和电网损耗，求得一最佳的发电厂出力分配。我国一些中小城市的供用电有着地方的特点。近几年来，通过供用电的优化调度，已获得显著的经济效益和社会效益。这是使用调度自动化系统后，实践证明值得应用的一种方法，因为不需要增加投资，就可以获得经济效果。

实现电网供用电的经济性在于减少供电成本，提高生产用电效益，完成电网与负荷间的经济协调关系。统计表明，某些实际电力系统使用这种方法后，获得了明显的经济效益。现分析实现的理论和方法。

设电网的电源组成 $S_G$ 为

$$S_G = [S_D, S_H, S_S] \tag{9-62}$$

式中：$S_D$ 为大电网供电的电源集合；

$S_H$ 为地方火电厂供电的电源集合；

$S_S$ 为地方小水电厂供电的电源集合。

上面三种电源，因经济结构不同、发电成本不同、供电的线损不同和市场电价不同等因素，应合理安排各电源成分的使用出力和电量，与用电负荷的特点和需量相协调，以得到好的经济效益和社会效益。

电网的用电负荷组成 $L_L$ 为

$$L_L = [L_1, L_2, \cdots, L_l] \qquad (9-63)$$

式中：$L_1$，$L_2$，…分别为供电区 1，2，…，$i$ 的负荷。

根据电网发供电需要平衡的条件，应满足如下约束条件方程：

$$\begin{cases} \sum_{i=1}^{n} P_{Gi} = \sum_{j=1}^{m} P_{Yi} + P_S \\ \sum_{i=1}^{n} Q_{Gi} = \sum_{j=1}^{m} Q_{Yi} + Q_S \end{cases} \qquad (9-64)$$

$$\begin{cases} \sum_{i=1}^{n} A_{Gi} = \sum_{j=1}^{m} A_{Yi} + A_S \\ \sum_{i=1}^{n} B_{Gt} = \sum_{j=1}^{m} B_{Y_i} + B_S \end{cases} \qquad (9-65)$$

式中：$P_{Gi}$ 和 $Q_{Gi}$ 分别为第 $i$ 个电源向调度区域供电的有功功率和无功功率；

$A_{Gi}$ 和 $B_{Gi}$ 分别为第 $i$ 个电源在某一时段供电的有功和无功电量；

$n$ 为调度投入的电源数；

$P_{Yi}$ 和 $Q_{Yi}$ 分别为调度供电区使用的有功和无功功率；

$A_{Yi}$ 和 $B_{Yi}$ 分别为调度供电区在某一时段使用的有功和无功电量；

$m$ 为调度供电区数；

$P_s$ 和 $Q_s$ 分别为供电和用电过程中的有功和无功损耗功率；

$A_s$ 和 $B_s$ 分别为供电和用电过程中某一时段的有功和无功损耗电量。

电网的经济调度是在满足式（9-64）和（9-65）的约束条件下，使下列目标函数 $J$ 趋于最大值，即

$$\max J = hS + kT \qquad (9-66)$$

式中：$S$ 为向负荷供电产生的社会效益，通常以产生的工农业总产来核算；

$T$ 为向负荷供电后，电力企业所获得的电能产值；

$h$ 和 $k$ 为合成当量系数，以处理电能产值与社会效益间的关系。

分析式（9-66）可见当 $h=0$ 和 $k=1$ 时，目标函数 $J$ 只反映电力企业所得的产值。而当 $h=1$ 和 $k=0$ 时，则只反映社会效益，所以应选择合适的 $h$ 和 $k$ 的数值，以达到相对合理的经济调度结果。

为了进行经济调度工作，还需求解式（9-64）和式（9-65）的约束方程以及式（9-66）目标函数的极值问题。

主电源通过枢纽变电站降压后向地区供电，设每天的最大出力和最大用电量为：

$P_{DM}$ 为主电源日最大供电功率，单位为 MW；

$A_{DM}$ 为主电源日最大供电，单位为 MW·h。

电网用电负荷的日最大功率和日最大用电量按照电价不同，常由几种方式供电，如以水源为主的枯水期，则：

$$P_{PM} > P_{DM} \qquad (9-67)$$

$$A_{PM} > A_{DM} \qquad (9-68)$$

不足部分由地区火电厂和其他电源来补充，有时还可能在限电模式，不足部分不能得到全部满足。由于主电网供电的电能成本和地方电厂以及其他电源成本互不相同，各个负荷区的用电构成、用电性质、线损、电能社会效益、电价不同，进行经济调度也有所不同。因此，将各供电区的用电情况分为两个部分：一部分是基本部分 $P_{YJ}$ 和 $A_{YJ}$，另一部分为调度调整部分 $P_{YT}$ 和 $A_{YT}$。各供电区的基本部分的负荷都是重要负荷，还需保证可靠的供电。于是便可得到全网的基本负荷为

$$P_J = \sum_{j=1}^{m} P_{YJ}$$

$$A_J(t) = \sum_{j=1}^{m} P_{YJ}(t), t = 1, 2, \cdots, 24 \qquad (9-69)$$

全网可供电的总功率为 $P_G$ 和 $A_G$，表示为：

$$P_G = \sum_i P_{Gi} \qquad (9-70)$$

$$A_G(t) = \sum_i AG_i(t), t = 1, 2, \cdots, 24 \qquad (9-71)$$

于是，便可以得到可调度的用电负荷为

$$P_{GD} = P_G - P_J \qquad (9-72)$$

$$A_{GD}(t) = A_G(t) - A_J(t) \qquad (9-73)$$

式中：$P_{GD}$ 为可调度的出力；

$A_{GD}(t)$ 为在时数 $t$ 可调度的电量。

经济调度的工件是在已知每日 $P_{GD}$ 和 $A_{GD}(t)$ 按小时的各数值情况下，以现有的三种分配系数，将 $P_{GD}$ 和 $A_{GD}(t)$ 分配给几个供电区。这三种系数是：

第一种为按各区的容量大小成比例的分配系数 $F_B$；

第二种为按各区供电经济效益最优的分配系数 $F_D$；

第三种为按各区的供电和社会效益加权综合最优的分配系数 $F_Z$。

考虑上面三种分配系数，计算日负荷分配计划，并统计电力企业效益和社会经济效益，供调度负荷和领导决策使用。

根据供用电负荷经济调度的理论和方法，可以把全部工作由两个子系统来完成。

第一子系统为参数设置和处理子系统。它是一独立的软件，不在实时系统管理的范围内，用以设置用户负荷经济的基本参数如下：

（1）峰价：单位为元/千度，用 $C_F$ 表示；

（2）谷价：单位为元/千度，作 $C_G$ 表示；

（3）容量比：用 $K_S$ 表示；

（4）负荷率：用 $L_f$ 表示；

（5）售价：用 $C_I$ 表示；

（6）效益：用 $Y$ 表示；

（7）线损：用 $R_L$ 表示；

（8）峰谷比：用 $H_{FG}$ 表示。

根据各供电区的负荷用电和供电的基本参数，可以计算电能的实际成本以及社会效益间的加权关系，电能的供电实际成本 $C_B$ 为

$$C_B = F_1(C_F, T_F) + F_2(C_G, T_G) + F_3(R_L) - F_4(C_I) \qquad (9-74)$$

式中：$T_F = 24 H_{FG} / (1 + H_{FG})$；

$T_G = 24 - T_F$。

第二子系统为日计划安排子系统。它是实时高层应用软件的一个组成部分。在每日晚上的一定时间，调用这个子系统，根据参数设置，子系统提供的实际成本和电力及社会综合效益的决策数据，输入次日的电量计划，进行用电负荷经济调度计算，得到各小时的功率和电量经济调度数据，作为次日电源和用电负荷经济调度的依据。

# 第十章　系统结构的优化和动态

## 第一节　概　述

随着我国工农业和城乡人民生活用电水平的提高，对发供电的可靠性和电能质量的要求也日益提高。因此，为保证电力系统安全和经济运行，在建立网调和省调调度自动化系统的同时，许多供电局已经建立了地调调度自动化系统。在发展农村电气化，乡镇企业和生活用电的同时，县级电网的县调调度自动化系统近几年来也在不断地发展。地调和县调的调度自动化系统的数量较多，做好这类系统结构优化的工作，提高它们的性能价格比，即合理组织系统的硬软件结构，减少投资和运行费用，完成更多需要的功能，不但是我国也是世界调度自动化系统发展的一个重要课题。

关于调度自动化系统的结构优化问题，必须首先解决优化的理论。多年来，这一方面已经取得了具有实用性的进展。值得注意的是，调度自动化系统是一个地区分布面广的以计算机为基础的信息采集、传递、处理和使用的综合系统。因此这种系统结构优化的问题包括：

（1）硬软件相互组合的优化；

（2）数据和信息组织、传送和利用的优化；

（3）功能作用发挥的优化。

这三方面的综合优化问题，必须从理论上综合分析和求解有关的技术数据和条件，以获得较为满意的结果。

我国的网调和省调调度自动化系统结构复杂，投资费用高，结构优化也是值得注意和重视的问题。充分发挥系统的硬软件资源，完成需要的功能，是今后一段时间的重点工作。

本章还介绍了国外调度自动化系统的结构和发展，以供参考和比较。

## 第二节　系统结构优化分析

调度自动化系统应按照调度电网的一次系统的组成和要求完成的功能来进行设计、开发和实现。系统结构优化的工作，必须按照电网安全和经济运行工作中的要求，明确应该完成的功能，参见表 $1-1$。

完成规定功能的调度自动化系统，既应符合电网实际运行的特点，又应具有高的性能价格比，以提高使用效益。这就要求系统的硬件结构，在实现可观测性的前提下，简化终端的组成，即减少调度主机硬件元部件的冗余度。在系统的软件系统方面，应该使终端的软件和调度主机的软件系统间，在保证规约规范化的条件下，调度实时软件以实时数据库为中心，配置完成各种功能计算和处理的应用程序，这样才能充分应用电网的实时数据，适应优化的硬件系统结构，利用软件的资源，提高硬件的效益。

调度自动化系统优化问题的求解方法是一个综合性的课题，必须要考虑把计算机技术、通信技术、电力工程及控制工作的理论和实际结合起来，才能获得较为满意的结果。由于地方电网的数量很多，调度自动化系统优化所得到的经济效益将会是一个很大的数字，对我国电力工业的发展和运行水平的提高起着直接的作用。

任何一个用输电线把发电厂和变电站联结起来的电力系统，都可以用图 10-1 所示的电力系统构成图来表示。变电站用小圆圈表示，称为负荷节点。水电厂用填黑的小圆圈表示，火电厂用有黑的小圆圈表示，都称为电源节点。输电线用节点间的连线表示，称为支路。于是，电力系统的组成和厂站相互联结情况用构成图便可以明确表示。

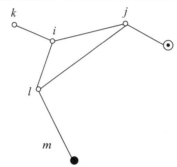

图 10-1　电力系统构成图

当某一厂站如节点 $i$ 装有远程测控终端 RTU($i$) 时，则通过通道，调度端主机可以得到该节点 $i$ 的状态信息，即

$$I_i = [V_i \vdots P_i \vdots Q_i \vdots P_{ij}, Q_{ij}, P_{ik}, Q_{ik} P_{il}, P_{ii}, Q_{il}, \cdots] \tag{10-1}$$

式中：$V_i$ 为 RTU($i$) 所量测的各母线电压的参数信息；

$P_i$ 和 $Q_i$ 为所量测的厂站内各变压器或发电机及负荷线路有功功率和无功功率的参数信息；

$P_{ij}$ 和 $Q_{ij}$ 则为支路 $ij$ 在 $i$ 端的有功和无功潮流参数信息；

其余的含义相同。

在调度主机上，当已知节点 $i$ 的电压 $V_i$ 及与 $i$ 相连各节点 $j$，$k$，$l$，$\cdots$的支路 $ij$，$ik$，$il$，$\cdots$上的有功和无功潮流以后，便可以很容易得到电压 $V_j$，$V_k$，$V_l$，$\cdots$的计算通式为

$$\dot{V}_* = V_i + \frac{P_{i*}R_{i*} + Q_{i*}X_{i*}}{V_i} \pm \mathrm{j}\frac{P_{i*}X_{i*} - Q_{i*}R_{i*}}{V_i} \tag{10-2}$$

及 $\dot{V}_*$ 和 $\dot{V}_i$ 间角度 $\theta_{i*}$ 为

$$\theta_{i*} = \mathrm{tg}^{-1}\left[\frac{\dfrac{\dot{P}_{i*}X_{i*} - Q_{i*}R_{i*}}{V_i}}{\dot{V}_i + \dfrac{P_iR_{i*} + Q_iX_{i*}}{V_i}}\right], \quad * = j, k, l \tag{10-3}$$

也可以计算得到支路在 $* = j, k, l, \cdots$ 端的潮流为

$$\dot{P}_{i*} = \dot{P}_{i*} \pm \left(\frac{\dot{P}_{i*}^2 + \dot{Q}_{i*}^2}{V_i^2}\right) R_{i*} \tag{10-4}$$

及

$$\dot{Q}_{i*} = \dot{Q}_{i*} \pm \left(\frac{\dot{P}_{i*}^2 + \dot{Q}_{i*}^2}{V_i^2}\right) X_{i*}, \quad * = j, k, l \tag{10-5}$$

上列各式中的"$\pm$"的取法由 $\dot{P}_{i*}$ 和 $\dot{Q}_{i*}$ 的方向决定。

为了理论分析和算法描述的方便，式（10-2）～（10-5）在算法表达上，可以写为

$$\begin{cases} \dot{V}_* = f(*i)\dot{V}_i, \quad * = j, k, l, \cdots \\ S_* = g(*i)\dot{S}_i \end{cases} \tag{10-6}$$

式（10-6）表明：复电压 $\dot{V}_*$ 可由复电压 $\dot{V}$ 用函数 $f(*i)$，按支路 $*i$ 的有关结构和运行参数计算求得；支路 $*i$ 在 $*$ 端的潮流复值用函数 $g(*i)$ 也按支路有关的结构参数和运行计算求得。由此可知，用式（10-6）的算法，即在 $i$ 节点装置 RTU($i$) 获得量测状态信 $I_i$ 后，在调度主机上即可算出与节点 $i$ 有直接支路相连的各节点有关参数，这些节点从可观测上要求不一定需要远距离收集有关数据，是否需要应由与这些节点有相连支路的其他节点是否装有远程终端来决定。因而有一全网统一求解要装终端节点的优化问题。

设电网的结构图共有 $n$ 个节点，则其连接结构情况，可用结构矩阵 $C_{IJ}$ 来表示：

$$C_{IJ} = \begin{array}{c} \\ 1 \\ 2 \\ \vdots \\ d \\ \vdots \\ n \end{array} \begin{array}{cccccc} 1 & 2 & \cdots & d & \cdots & n \\ \begin{bmatrix} \vdots & C_{12} & & C_{1d} & & C_{1n} \\ \vdots & \cdots & \cdots & \cdots & & \cdots \\ \vdots & & & & & \\ C_{d1} & C_{d2} & \cdots & & \cdots & C_{dn} \\ \vdots & \vdots & \vdots & & & \vdots \\ C_{n1} & \cdots & \cdots & C_{nd} & & \end{bmatrix} \end{array} \tag{10-7}$$

矩阵 $C_{IJ}$ 中的各元素表示下标所示节点间的联结情况。当取值 1 时，表示下标所示节点间有支路连接；取值为 0 时，表示无支路连接。

根据 $C_{IJ}$ 的元素布置情况，首先选择某一行如第 $d$ 行"1"的元素最多，则在节点 $d$ 装设第 1 远程终端，称 $d$ 为第 1 信源节点，与它相连的节点 $d_1, d_2, \cdots, d_r$ 等 $r$ 个节点为第 1 轮推定节点。根据式（10-6）可知：

$$\begin{cases} \dot{V}_{jd} = f(jd)\dot{V}_d \\ S_{jd} = g(jd)S_{ddj} \end{cases}, \forall j = 1, 2, \cdots, n \tag{10-8}$$

第 1 轮推定节点的电压大小和相角以及与 $d$ 相连支路该端的潮流都可计算推定。

将矩阵 $C_{IJ}$ 中节点 $d$ 和节点 $d_1, d_2, \cdots$ 只保留一个作为相角推定基础外，其余节点注销，得到缩小矩阵 $C_{IJ}'$。再选定一行如第 $e$ 行的"1"元素最多，则 $e$ 为第 2 信源节点。与节点 $e$ 有相连支路的节点 $e_1, e_2, \cdots, e_s$ 等 $s$ 个节点，称为第 2 轮推定节点。

按照上述方法，继续求得第 3 信源节点 $f$ 和第 3 轮推定节点 $f_1, f_2, \cdots, f_t$ 及以

后各信源节点和各轮推定节点，直到获得全系统的可观测性。

设全系统的节点数为 $n$，信源节点为 $q$，第 $r$ 轮推定节点数为 $t(r)$，上述方法的处理过程和结果有

$$\sum_{r=1}^{q} t(r) + q = n \qquad (10-9)$$

且满足

$$\max t(r), \forall i = 1, 2, \cdots, q \qquad (10-10)$$

使

$$q \rightarrow \min \qquad (10-11)$$

由此可见，采用这种优化处理方法，可以在系统的远程终端配置上，达到系统的可观测性，求得它的最少数量。这不但减少了投资，而且使运行的费用和维护工作也相应减少。

必须说明的是这种优化的终端配置方法，所得的终端配置数是最小配置，而在实际工作中，有些节点由于某些客观条件要求，必须要装设终端。

在进行这种优化处理方法过程中，还要考虑通信通道的设置和运行要求，作为配置地点优化的约束条件，最后决定最佳方案。

调度自动化系统的硬件组成可包括远程终端、通信通道和调度主机。为了减少投资和运行费用，采用上述的优化方法，可使硬件系统结构优化。为了提高调度自动化系统的性能价格比，还必须在软件上实现结构和组成的优化，使硬件和软件系统相互配合。

调度自动化系统的软件结构，是以整个硬件系统为基础，以实时操作系统为核心，将优化设置的远程终端采集到的数据进行可观测性处理，建立实时数据库，供实现各种功能的应用软件使用。如图 10-2 所示，HR 表示系统的硬件，ROS 表示实时操作系统，RDB 表示实时数据库，DBM 表示实时数据可观测性处理的数据库管理系统，AP 为实现各种功能的应用软件，SZ 为优化硬件结构而使用的数据采集和推定处理软件。这种优化的软件结构，与优化的硬件系统配合工作，完成电网调度自动化系统的任务。

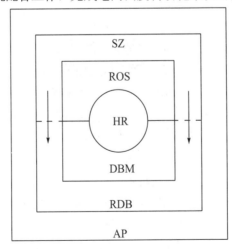

图 10-2　软件系统结构

这种优化后的调度自动化系统，曾在多个实际地方电网中应用，得到了不错的技术经济效果。它的功能多样，可在显示器上显示选择，如图10－3所示。

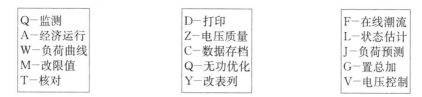

| Q－监测 | D－打印 | F－在线潮流 |
|---|---|---|
| A－经济运行 | Z－电压质量 | L－状态估计 |
| W－负荷曲线 | C－数据存档 | J－负荷预测 |
| M－改限值 | Q－无功优化 | G－置总加 |
| T－核对 | Y－改表列 | V－电压控制 |

图 10－3 功能显示内容

各种功能都由实时数据库的各种数据给以支持，而实时数据库中的实时数据，则由数据采集和推定处理软件进行实时的采集、传送、收集以及优化硬件结构而需要的推定等处理工作所形成。

# 第三节 地调调度管理综合系统

地调调度管理综合信息系统，包括调度自动化系统和计算机管理系统两部分。结构如图10－4所示，有关组成部分如下：

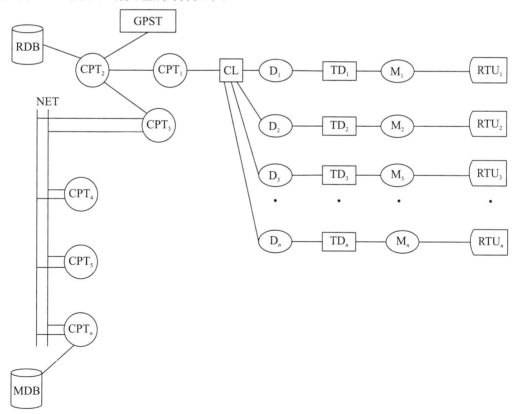

图 10－4 综合信息系统构成

CPT$_1$ 为数据、信息处理和转发计算机，设在通信室；

CPT$_2$ 为调度用主处理机，设在调度室；

CL 为多路数据信息收集器，收集多个厂站送来的远动信息与 CPT$_1$ 协调工作。装置的容量由实际情况决定；

D$_1$~D$_2$ 为解调器；

TD$_1$~TD$_2$ 为电力载波通道；

M$_1$~M$_n$ 为调制器；

RTU$_1$~RTU$_n$ 为厂站终端，分别装在主网的有关发电厂和变电站上；

RDB 为实时数据库；

CPT$_3$、CPT$_4$ 为分别装在调度室、局长和总工办公室以及有关管理机构办公室的管理机，既可以接收实时系统数据，也可在网上完成各种管理工作；

CPT$_n$ 为计算机服务器；

NET 为计算机局部网，常采用双网结构；

MDB 为管理数据库，与网络上各计算机共享；

GPST 为用 GPS 的统一全系统的时钟。

电网调度和管理是地调的重要任务，以实现调度自动化的管理和处理工作。它的主要任务在于作为调度人员的现代化工具，保证电网的安全和运行。某一地区电网的结构图如图 10-5 所示，网络主网为一环网结构。电源除本网中的一个电厂发电外，还有高一级的国家电网供电和组织地区小水电的支援性供电。负荷由几个分局分区管理，如分区的负荷容量和电能按日计划根据国民经济发展的用电指标和社会经济效益分配。因此，从电网的技术管理和经济运行来看，这种电网调度自动化和管理综合系统具有很大的实用意义。

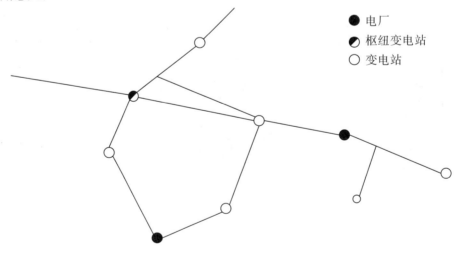

● 电厂
◑ 枢纽变电站
○ 变电站

**图 10-5　电力系统的结构图**

根据系统体系结构设计特点，调度和管理的应用软件结构如图 10-6 所示。调度主机在改进后的实时操作系统和计算机网的支持下，可以进入实时系统的运行监视状态，也以进入管理系统的运行状态。

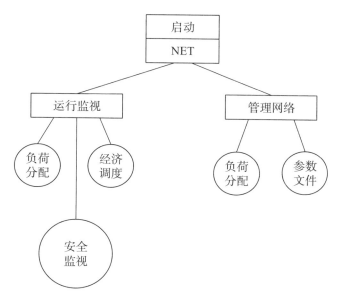

图 10-6　软件体系结构

## 1. 进入实时运行监视状态

可以在彩色监视器上显示各厂站的主接线图、环网图和潮流图，画面可以用按键或鼠标调出。当某一厂站出现故障时，该厂站的画面自动推出。

报警功能包括：当超过安全运行的上、下限，超过每日输入的定值，出现开关变位、信道故障等情况将及时报警。报警方式为显示、声音及打印。开关变位除在画面上有开关位置的图形变化外，还会打印出动作的开关编号和动作时间等。

## 2. 状态估计和打印表格

从运行监视状态，可以选择进入状态估计/打印制表状态，每天的 0 时自动进入这一状态，打印全天运行的实时数据表格。为了保证制表数据的相容性和可用性，可用最大信息熵优化技术的状态估计技术，对打印数据进行处理。

这里采用的状态估计技术，是以电网结构的最大信息熵树为依据，从根到尖依次进行状态数据的最优估计处理。这种方法占用内存少，速率快，特别是在计算机上使用有显著的优点。

电网的最大信息熵树，可以根据图 10-6，经过计算后得：

$$\boldsymbol{T}_{MI} = \begin{bmatrix} 7 & 6 & 2 & 4 & 0 \\ 0 & 0 & 5 & 3 & 0 \\ 0 & 0 & 8 & 9 & 10 \\ 0 & 0 & 0 & 0 & 11 \\ 0 & 1 & 0 & 0 & 0 \end{bmatrix} \tag{10-12}$$

量测向量 $\boldsymbol{Z}$ 为

$$\boldsymbol{Z} \triangleq (\bar{P}_{ij}^{t}, \bar{Q}_{ij}^{t}, \bar{V}^{t}) \tag{10-13}$$

式中：$\bar{P}_{ij}^t$ 表示节点 $i$ 流向节点 $j$ 的有功潮流列向量；

$\bar{Q}_{ij}^t$ 表示节点 $i$ 流向节点 $j$ 的无功潮流列向量；

$\bar{V}^t$ 表示节点电压模值的列向量。

取系统的状态信息为：

$$\bar{y} = (\bar{V}_t^t \vdots \bar{P}_{ij}^t \vdots \bar{Q}_{ij}^t) \tag{10-14}$$

根据 $T_{MI}$，以支路 $L$，两端节点 $i, j$ 取判定系数：

$$\begin{cases} f_i = h_i(Z+\omega) = h_i(Z) + \eta_i \\ f_j = h_j(Z+\omega) = h_j(Z) + \eta_j \end{cases}, \forall l = 1, 2, \cdots, l_n \tag{10-15}$$

写成矩阵形式为

$$\begin{cases} F_I = H_I(Z) + E_i \\ F_J = H_J(Z) + E_J \end{cases} \tag{10-16}$$

使

$$\begin{cases} F_0 = \dfrac{F_I - F_J}{F_I} < \varepsilon \\ \min J = (\hat{F}_0 - F_I)^2 + (\hat{F}_0 - F_J)^2 \end{cases} \tag{10-17}$$

这里 $h(\cdot)$ 和 $H(\cdot)$ 为判定函数。

### 3. 无功优化运行

当电网主要的结构是多电源环网，在有功容量紧缺的情况下可采用优化无功分配的方法，以尽可能减少网损。理论分析和实际网络运行试验表明，改变环网节点或电源点的电压，可以很容易地改变无功功率的大小，以求得相对最小的网损。

设系统中网损用 $\Delta PE$ 表示，则网损与支路的无功潮流有关：

$$\Delta PE = \sum_t \frac{P_l^2 + Q_l^2}{V_t^2} R_l \tag{10-18}$$

式中：$P_1 Q_l$ 和 $R_l$ 分别为 $l$ 上的有功、无功潮流值和支路电阻值；

$V_i$ 为支路潮流测量端的电压。

支路的无功功率 $Q_l$，由网络的节点电压，求解网络方程

$$YV = I \tag{10-19}$$

于是，可以有

$$\min \Delta PE = f(V_i) \tag{10-20}$$

选择电源电压，如 $V_1$ 加以控制和改变，根据当时的实时数据，算出最小网络时的电压值和网损值，在显示器上显示，供给调度人员调度使用。

这一网损最小的计算工作，可以是选择调用，或定时，每 $5\sim15$ 分钟自动启动计算一次。

### 4. 负荷分配

地方电网的电源组成 $S_L$ 为

$$S_L^t = (S_1, S_2) \tag{10-21}$$

式中：$S_1$ 为大电网供电电源集合；

$S_2$ 为地区小水电电源集合。

负荷组成 $L_L$ 为

$$L_L^t = (L_1, L_2, L_3, \cdots) \tag{10-22}$$

式中：$L_1$，$L_2$，$L_3$，$\cdots$分别为各分区的负荷。

负荷的分配数 $F_i$ 为

$$F_i = \frac{L_i}{S_1 + S_2}, i = 1, 2, \cdots, n \tag{10-23}$$

在供电量 $A$ 一定的情况下，有三种分配系数：

(1) $F_{Di}$ 为地区行政管理规定的分配系数；

(2) $F_{Gi}$ 为供电经济效益最优的分配系数；

(3) $F_{Zi}$ 为供电和社会生产经济效益最优的分配系数。

考虑上面三种分配系数，计算日分配负荷曲线，可以在实时调度情况下启动计算，也可以在管理网络运行情况下启动计算。计算结果打印制表，供给调度负荷和领导决策使用。

### 5. 负荷曲线管理

为了实现负荷电量的日调度管理，在对全网实现负荷功率总加的基础上，实时绘制日总负荷曲线，并统计计算全天高峰期和低谷期的负荷因素 $K_G$ 和 $K_D$。

$$K_G = \frac{高峰期电量}{全天总电量} \tag{10-24}$$

和

$$K_D = \frac{低谷期电量}{全天总电量} \tag{10-25}$$

调度自动化和综合信息管理系统的设计目标，还应支持领导和调度人员决策，在有效利用系统后，会减轻业务人员的工作负担。

为降低成本和充分利用资源，用电缆和网络接口板连接成网，结构见图 10-7。

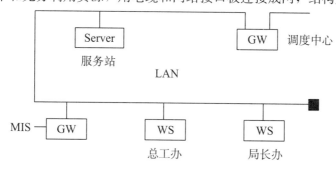

**图 10-7 信息系统网络**

(1) 中心机房服务器作为网络服务站管理整个综合数据库，并可完成数据库文件的建立或登记，数据的输入、更新，各种报表的生成、打印及其他应用程序的运行。

（2）调度室计算机管理调度专用数据库（线路、变压器、机组参数和保护定值），并通过相关信息转发软件 GW 与企业管理信息系统 MIS 变换数据。

根据实时数据形成的电度量转发文件可以完成电力市场所需分时电量，对日、月、年供电量进行统计并打印报表，在综合数据库支持下作经济负荷分配的计算，打印出供调度人员和上级参考的各种分析表。

（3）局长和总工用计算机可以查询和统计有关资料和实时数据，并进行其他计算处理工作。

这种系统特点是：

（1）实用性和可扩展性。用计算机和局域网构成系统，有较高的性能价格比，安装简单，便于维护，扩展容易。

（2）先进性。网络软件解决了实时信息在局域网络中的传送问题，扩大了局域网在电力系统的应用范围，以简便的方式联结管理信息系统和调度自动化系统。

（3）通用性。由于构成管理信息系统软件的基本模块具有很大的通用性，事实上可适用于任何环境下的数据库。该软件包操作简便，容错能力强，由于能保证所建系统在文件结构和处理方法上具有一致性，故易于推广使用。

# 第四节　县调调度自动化系统

随着我国工农业生产和社会文化生活用电水平的不断高涨，特别是一些县、乡镇和农村，辖区广阔，人口多而分散，人均年用电量与大、中城市相比有较大的差别。为发展县镇电力事业，实现农村电气化，国家提出要调动各方面的能力和积极性，多种渠道募集资金，加快电力建设的步伐，于是以小型水电站为主电源的县级电力系统不断形成和发展。

随着县级电网的发展，纷纷建立了调度机构，不但装设了明线、电力载波或无线电等通信工具，还附加了远动通道，建立了县级调度自动化系统，对保证电网的安全、可靠和经济运行，起到了直接的积极作用。实践表明，安装了调度自动化系统的县级电网，经济和社会效益都有显著的提高。

县级电网有许多特点，所装设的微机调度自动化系统在功能上，在为完成这些功能而构成的硬件和软件结构上，要适应县网的需要，以便得到较高的性能价格比，并保证应用以后使电网的安全和经济运行水平得到提高。特别值得重视的课题是厂站终端的装设优化是影响性能价格比的一个关键问题，在合理的地方装设数目合理的终端，可以减少投资和运行费用，并使系统有良好的使用功能。

县级电网与大电网在结构和运行上有一些不同的特点，这就要求县网调度自动化系统不宜照搬大电网用的调度自动化系统。其特点是：

第一，县级电网的发电厂和变电站数量少；

第二，网内的发电厂和变电站容量较小，大多数容量都为几千千瓦，少有数上万千瓦，也有几百千瓦的厂站；

第三，电网结构简单，输电距离短，一般电压等级为 35kV、110kV，各电厂与变电站和调度所的距离较近；

第四，电网的负荷，对不同线路，一天内和一年各季节间变化较大，有些线路经常超载运行，而有些线路又经常轻载运行；

第五，不少县网都有联络线和其他地方电网或大电网相连，由于经济核算单位不同，因而联络线管理是调度经常重视的环节；

第六，电网内各母线的电压随负荷变化而有较大的变化，电压质量是调度管理的重要工作。

根据上述特点，县调自动化系统为了能辅助调度人员做好县网的调度工作，应具有如下功能：

（1）电网的安全监视。已建的县网调度自动化系统，设有彩色屏幕显示，显示各发电厂和变电站的主接线图，用不同的着色表示不同的电压等级，开关的表示符号可以实时显示实际开关的"开"或"合"状态。图上还以列表方法或旁注方法显示母线电压、各线路或变压器的潮流，当这些量超过预先设定的限值时，会自动改为红色报警，以提醒调度人员注意。当事故跳闸时，自动显示跳闸的厂站画面，跳闸开关符号闪动，并以声响提示，同时打印事故时间。这样调度人员可以直观地从屏幕上观察到电力系统的安全运行情况，当出现事故时，能及时提醒，以便处理。

（2）电网的运行管理。电网的运行管理包括：

●电网的负荷管理

●联络线的计划负荷管理

●电网电压质量的管理

●电网的经济运行

●电网的运行报表打印

这些功能为辅助调度人员提高电网的运行水平和社会经济效益起到直接的作用。因此不能把调度自动化系统的作用降低到 SCADA 系统的水平，浪费硬件资源。

根据县级电网的特点建立的调度自动化系统，特别应该重视它的性能价格比。县电力公司等单位规模小，必须在保证使用功能的前提下，力求在建设、投资和运行管理方面节约人力和财力。因此，县调的结构优化应引起足够的重视。

县网调度自动化系统必须根据计算、通信技术和电网结构的特点，使它得到合理的优化。优化的目的是提高它的性能价格比。

现代计算机技术包括硬件技术和软件技术，在我国现阶段情况下，硬件设备费用与软件开发费用相比，占总投资比例较大，而在一定的环境条件下，一些功能的硬件部分可以由软件来实现。因此，县调自动化系统的计算机基础部分，便有优化硬件结构的问题。另外，根据电网的结构特点，不必每一厂站都装一个终端。因此便有厂站终端的最优配置问题。图 10-8 表示了县调自动化系统结构优化的过程。

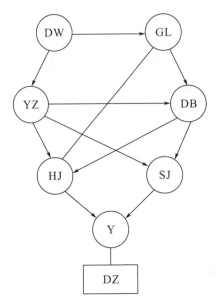

图 10-8  结构优化过程图

在图 10-8 中，首先应分析研究电网的结构，以 DW 表示。再研究数据采集和厂站终端的最佳配置方法，图中的 YZ 为优化工作。

根据调度工作的需要和电网的运行要求，定出调度运输系统应完成的功能，如图中 GL 所示。

以厂站终端优化 YZ 的结果和功能分析 GL 作为基础，分析设计各种采集数据和调度用数据，制定数据库的逻辑结构，即图中的 DB。

应用 YZ 的结果和 DB 组成结构，设计调度自动化系统的硬件组成 HJ 和软件系统 SJ。

利用计算机技术的发展成果，结合硬件系统和软件系统之间进行转化性的优化处理，即图中的 Y，以得到硬件和软件系统的最佳配合。

最后，完善调度自动化系统的各组成部分，即图中的 DZ。

通过多个实际系统的建立表明，参照图 10-8 的过程建立的县调自动化系统，都具有较好的性能价格比。

一个调度自动化系统的性能分析，最基本的指标是具有全网的可观测性 $B$：

$$B \triangleq \langle \frac{V_M, \theta_M}{V_T, \theta_T} \rangle \tag{10-26}$$

式中：$V_M$ 和 $\theta_M$ 为通过调度自动化系统所能得到的母线电压和母线电压相角的集合；

$V_T$ 和 $\theta_T$ 为所有母线电压和电压相角的集合；

$\langle \ \rangle$ 表示进行统计分析计算。

如果能可靠地获得所有母线电压和电压相角的实时值，则系统的可观测性为 1，为了得到完整的可观测性，县调自动化系统的厂站终端布置必须有一对应于电网结构的优化量测网络 $W$ 有

$$W \triangleq \langle G, M \rangle$$

式中：$M$ 为量测网络节点和支路的量测量；

$G$ 为量测网络表示节点和支路联结的图形，这里节点对应于母线。

县调自动化系统的优化就是要在保证式（10－26）可观测性 $B$ 的要求下，求出一段优化的 $W$，使投资和运行费用最小。

我国县网数量很大，每一县网调度自动化系统如能认真做好结构优化，则可能节约投资和运行费用 5％ 以上，全国总节约值可达亿元以上。因此，对结构优化问题应有足够重视。

我国县级电网近年来有了很大的发展，为发展乡镇企业，提高农业电气化水平，发展乡镇和广大的农村人民生活用电、文化用电的状况，起到了直接的作用。为提高县级电网的安全经济运行水平，应根据县电网的特点来建设县调自动化系统，力求使硬件结构优化，注意资金的节约，努力提高它的性能价格比。由于县调数量大，这种资金节约的累计将是很大的一个数字。

# 参考文献

［1］桑博，张涛，刘亚杰，等. 多微电网能量管理系统研究综述［J］. 中国电机工程学报，2020，40（10）：3077－3093.

［2］张伯明，孙宏斌，吴文传. 3维协调的新一代电网能量管理系统［J］. 电力系统自动化，2007（13）：1－6＋22.

［3］孙宏斌，潘昭光，郭庆来. 多能流能量管理研究：挑战与展望［J］. 电力系统自动化，2016，40（15）：1－8＋16.

［4］孙宏斌，张伯明，吴文传，等. 自律协同的智能电网能量管理系统家族：概念、体系架构和示例［J］. 电力系统自动化，2014，38（9）：1－5＋14.

［5］于尔铿. 能量管理系统 EMS［M］. 北京：科学出版社，1998.

［6］吴文传，张伯明，孙宏斌. 电力系统调度自动化［M］. 北京：清华大学出版社，2011.

［7］于尔铿. 电力系统状态估计［M］. 北京：水利电力出版社，1985.

［8］Nutkani I U，Loh P C. Power flow control of intertied ac microgrids［J］. Power electronics，IET，2013，6（7）：1329－1338.

［9］Che Liang，Zhang Xiaping，Shahidehpour M，et al. Optimal interconnection planning of community microgrids with renewable energy sources［J］. IEEE Transactions on smart grid，2017，8（3）：1054－1063.

［10］Arefifar S A，Ordonez M，Mohamed Y A R I. Energy management in multi－microgrid systems－development and assessment［J］. IEEE Transactions on power systems，2017，32（2）：910－922.

［11］Utkarsh K，Srinivasan D，Trivedi A，et al. Distributed model－predictive real－time optimal operation of a network of smart microgrids［J］. IEEE Transactions on smart grid，2019，10（3）：2833－2845.

［12］Clements K A，Davis P W. Detection and identification of topology errors in electric power systems［J］. IEEE Transactions on power systems，1988，3（4）：1748－1753.

［13］Schweppe F C，Wildes J，Rom D B. Power system static－state estimation，part Ⅰ－Ⅲ［J］. IEEE Transactions on power apparatus and systems，1970，89（1）：120－135.